150 Jahre
Kohlhammer

Frieder Kircher

Grundlagen abwehrender Brandschutz

Feuerwehrwissen für Architekten, Brandschutzplaner und Ingenieure

Verlag W. Kohlhammer

Wichtiger Hinweis

Der Verfasser hat größte Mühe darauf verwendet, dass die Angaben und Anweisungen dem jeweiligen Wissensstand bei Fertigstellung des Werkes entsprechen. Weil sich jedoch die technische Entwicklung sowie Normen und Vorschriften ständig im Fluss befinden, sind Fehler nicht vollständig auszuschließen. Daher übernehmen der Autor und der Verlag für die im Buch enthaltenen Angaben und Anweisungen keine Gewähr.

Die Abbildungen stammen – soweit nicht anders angegeben – vom Autor.

1. Auflage 2017

Alle Rechte vorbehalten
© W. Kohlhammer GmbH, Stuttgart
Umschlagbild: Jochen Thorns
Gesamtherstellung: W. Kohlhammer GmbH, Stuttgart

Print:
ISBN 978-3-17-029041-9

E-Book-Formate:
pdf: ISBN 978-3-17-033141-9
epub: ISBN 978-3-17-033142-6
mobi: ISBN 978-3-17-033143-3

Inhaltsverzeichnis

1 Einleitung

Führungskräfte der Feuerwehr kommunizieren mit vielen Menschen auch außerhalb des Feuerwehrwesens. Das können politisch Verantwortliche der Kommunen, des Landes oder des Bundes sein, Brandschutzbeauftragte, Polizeibeamte, Veranstalter von Großevents, aber auch Architekten und Ingenieure im Rahmen von Bau- und Beschaffungsmaßnahmen oder im Bereich des Vorbeugenden Brandschutzes.

Nicht selten kommt es dabei zu Verständigungsproblemen bis hin zu Missverständnissen hinsichtlich der Denkweise von Feuerwehrleuten und ihrer besonderen Begrifflichkeiten. Feuerwehrangehörige leben in einer eigenen Fachwelt und arbeiten in bestimmten Denkstrukturen. Durch die erforderliche schnelle Auffassungsgabe und sofortige Reaktion in Gefahrensituationen sind sie gezwungen, sich sehr stark auf das Wesentliche und den Kern der Dinge zu konzentrieren. Diese Denkstrukturen prägen Feuerwehrangehörige auch außerhalb des akuten Einsatzfalles. Die Sozialisation in der Einsatzwelt, die oftmals eine sofortige Lösungsfindung verlangt, prägt sie wie kaum eine andere Berufsgruppe. Dabei kommt es weniger auf die sorgfältige, vollständige Abwägung aller Vor- und Nachteile an, als auf die schnelle Lösung eines Problems zu Gunsten aller Beteiligten. Bei Bränden und ähnlichen Gefahrenlagen liegt oft eine exponentielle Erhöhung der Folgeschäden in Abhängigkeit von der Zeit vor. Daher müssen schnell wirksame Maßnahmen getroffen werden, um die exponentielle Entwicklung und die damit einhergehende Schadenserhöhung zu stoppen.

Ziel dieses handlichen Werkes soll es sein, für Außenstehende Hintergründe aufzuzeigen wie die Feuerwehr funktioniert und wie die Arbeit der Feuerwehr abläuft. Dies ist insbesondere an Schnittstellen zu anderen Bereichen wie z. B. der Architektur oder der Verwaltung notwendig, wo erkannt werden muss, warum die Feuerwehr bestimmte Forderungen – z. B. im Vorbeugenden Brandschutz – aufstellt. Es kann aber auch für jeden Bürger Einblicke geben, wie die Feuerwehr bei einem Ernstfall – der auch ihn selbst betreffen kann – handelt und mit welchen Problemen sie dabei zu kämpfen hat.

Das Buch soll auch einen Einblick in die Dimensionierung von Feuerwehren, ihren hierarchischen Aufbau und die Grundlagen des taktischen Vorgehens im Einsatzfall geben. Dies kann insbesondere für Architekten und Bauplaner vor der Konzeptionierung eines Bauvorhabens von Bedeutung sein, um die Planungsanforderung »Brandschutz« bereits vor der Planung besser zu verstehen und damit berücksichtigen zu können. Es kann aber nicht die detaillierte Beschäftigung mit den

Anforderungen der jeweiligen Landesbauordnung ersetzen, sondern gibt einen Überblick über die Faktoren, welche die Planung beeinflussen. Insbesondere sollen dabei die Schutzziele des Brandschutzes »Ermöglichung der Rettung von Menschen« und »Ermöglichung eines wirksamen Löschangriffs« Berücksichtigung finden.

Abschließend werden mit einem umfangreichen Glossar und verschiedenen Übersichten praktische Hilfen zum Verstehen der Fachsprache sowie der föderalen Unterschiede bei der Beteiligung der Feuerwehren in Baugenehmigungsverfahren in der Bundesrepublik Deutschland gegeben.

2 Struktur des Feuerwehrwesens

2.1 Historische Entwicklung

Die Einrichtung einer Feuerwehr ist schon immer eine kommunale Kernaufgabe gewesen. Die Gewährleistung eines organisierten abwehrenden Brandschutzes war bereits im Mittelalter durch Pflichten für die einzelnen Gruppen der Bürger in Feuerlöschordnungen geregelt. Dass diese Zwangsverpflichtung nicht funktionierte, zeigen die großen Stadtbrände, die viele Städte in Schutt und Asche gelegt hatten. Beispiele sind der große Brand von London im Jahr 1666, bei dem rund 13 000 Gebäude zerstört wurden oder der Stadtbrand von Hamburg im Jahr 1842 mit 51 Toten und der Zerstörung von mehr als einem Viertel der Stadtfläche.

Gegen Mitte des 19. Jahrhunderts gab es zwei grundlegend verschiedene Wege, wie das Feuerwehrwesen auf dem Gebiet der heutigen Bundesrepublik Deutschland auf ein festes Fundament gestellt wurde. Dies war im Wesentlichen die Entwicklung des preußischen Feuerlöschwesens durch den Berliner Wasserbauinspektor Ludwig Scabell, die in eine Berufsfeuerwehr mündete sowie die Entwicklung im Süden Deutschlands im Rahmen der bürgerlichen Revolution, die mit der Gründung des Durlacher Pompiercorps durch Stadtbaumeister Christian Hengst nach Vorbildern aus Frankreich die Bewegung der Freiwilligen Feuerwehr auslöste.

Im Gegensatz zu den zwangsverpflichteten Bürgergruppen unterschieden sich die Feuerwehren dadurch, dass es entweder freiwillige oder bezahlte Kräfte waren, die nach einer fest vorgegebenen Taktik der Brandbekämpfung ausgebildet waren und in straff organisierten Verbänden dem Feuer zu Leibe rückten. Mit der Gründung der ersten Freiwilligen Feuerwehr in Durlach/Baden im Jahr 1846 und der ersten Berufsfeuerwehr in Berlin im Jahr 1851 war damit der Grundstock für das heutige organisierte Feuerlöschwesen in Deutschland gelegt. In beiden Fällen wurde die Feuerwehr auf der kommunalen Ebene eingerichtet und damit als Kernaufgabe der Gemeinden manifestiert.

2.2 Gesetzliche Grundlage

Heute ist das Feuerwehrwesen durch Art. 28 Abs. 2 Grundgesetz (GG) als hoheitliche Kernaufgabe der Gemeinde geschützt und als Selbstverwaltungsaufgabe in der Verantwortung der Kommune fest verankert. Da das Feuerwehrwesen in Art. 70 ff. GG nicht explizit als Gesetzgebungskompetenz des Bundes geregelt ist, haben die

9

Bundesländer die Aufgabe, die gesetzlichen Regelungen zu schaffen. Dies erfolgt in den jeweiligen Brandschutz- und Hilfeleistungsgesetzen der Länder (siehe Anhang 2).

In den Brandschutz- und Hilfeleistungsgesetzen der Länder sind die Aufgaben der Träger des Brandschutzes, die Aufgaben und Rechtsverhältnisse der Angehörigen der Feuerwehren, aber auch die Pflichten der Bevölkerung und die Kostenregelungen beschrieben. Da die Feuerwehren auch im Bereich des Katastrophenschutzes eine große Rolle spielen, werden die Brandschutzgesetze häufig mit den jeweiligen Katastrophenschutzgesetzen zu einem einheitlichen Gesetz über den Brand- und Katastrophenschutz zusammengefasst. Auch die Technische Hilfeleistung z. B. bei Verkehrs- und Gefahrgutunfällen wird heute von den Feuerwehren übernommen und ist entsprechend in den gesetzlichen Aufgaben verankert.

Nachfolgend wird die Gliederung des Hessischen Gesetzes über den Brandschutz, die Allgemeine Hilfe und den Katastrophenschutz (Hessisches Brand- und Katastrophenschutzgesetz – HBKG) in der Fassung vom 14. Januar 2014 als ein Beispiel von 16 Bundesländern dargestellt.

Erster Abschnitt   Aufgaben und Organisation des Brandschutzes, der Allgemeinen Hilfe und des Katastrophenschutzes
   § 1   Zweck und Anwendungsbereich
   § 2   Aufgabenträger
   § 3   Aufgaben der Gemeinden
   § 4   Aufgaben der Landkreise
   § 5   Aufgaben des Landes

Zweiter Abschnitt Brandschutz und Allgemeine Hilfe
   Erster Titel   Aufgaben und Organisation der Feuerwehren
   § 6   Aufgabenbereich
   § 7   Aufstellung der Gemeindefeuerwehren
   § 8   Jugendfeuerwehren, Kindergruppen, Nachwuchsgewinnung
   Zweiter Titel   Feuerwehrangehörige
   § 9   Hauptamtliche Feuerwehrangehörige
   § 10   Ehrenamtliche Feuerwehrangehörige
   § 11   Rechtsstellung der ehrenamtlichen Feuerwehrangehörigen
   Dritter Titel   Leitung
   § 12   Leitung der Gemeindefeuerwehr
   § 13   Kreisbrandinspektoren, Kreisbrandmeister
   Vierter Titel   Nichtöffentliche Feuerwehren
   § 14   Werkfeuerwehren

2

11

Siebter Abschnitt   Schlussvorschriften

Beispielhaft ist im Folgenden die Aufgabenzuweisung der Feuerwehr aus dem Hessischen Brand- und Katastrophenschutzgesetz (HBKG) aufgeführt:

§ 6   Aufgabenbereich

(1) Die Feuerwehren haben im Rahmen der geltenden Gesetze die nach pflicht-gemäßem Ermessen erforderlichen Maßnahmen zu treffen, um von der Allgemein-heit, dem Einzelnen oder Tieren die durch Brände, Explosionen, Unfälle oder andere Notlagen, insbesondere durch schadenbringende Naturereignisse, drohenden Ge-fahren für Leben, Gesundheit, natürliche Lebensgrundlagen oder Sachen abzuwen-den (Abwehrender Brandschutz, Allgemeine Hilfe).
(2) Daneben haben die Feuerwehren Aufgaben des Vorbeugenden Brandschutzes zu erfüllen, soweit ihnen diese Aufgaben durch Rechtsvorschrift übertragen werden. Sie wirken bei der Brandschutzerziehung und Brandschutzaufklärung mit.
(3) Die Feuerwehren sollen auch bei anderen Vorkommnissen Hilfe leisten, wenn die ihnen nach Abs. 1 und 2 obliegenden Aufgaben nicht beeinträchtigt werden.

Die Kernaufgaben der Feuerwehren sind in den Feuerwehrgesetzen der Bundes-länder im Wesentlichen gleich geregelt (Bild 1).

Bild 1   *Aufgaben der Feuerwehr (Grafik: Verlag W. Kohlhammer)*

2.3   Aufgaben der Gemeinde

Die Vorhaltung einer leistungsfähigen Feuerwehr als Aufgabe der Gemeinde ist in den Brandschutzgesetzen der Länder geregelt. Beispielhaft wird im Folgenden die Regelung des Feuerwehrgesetzes (FwG) von Baden-Württemberg dargestellt:

§ 3   Aufgaben der Gemeinden

(1) Jede Gemeinde hat auf ihre Kosten eine den örtlichen Verhältnissen entsprechende leistungsfähige Feuerwehr aufzustellen, auszurüsten und zu unterhalten. Sie hat insbesondere

1. *die Feuerwehrangehörigen einheitlich zu bekleiden, persönlich auszurüsten sowie aus- und fortzubilden,*

2. *die für einen geordneten und erfolgreichen Einsatz der Feuerwehr erforderlichen Feuerwehrausrüstungen und -einrichtungen sowie die Einrichtungen und Geräte zur Kommunikation zu beschaffen und zu unterhalten,*

3. *für die ständige Bereithaltung von Löschwasservorräten und sonstigen, der technischen Entwicklung entsprechenden Feuerlöschmitteln zu sorgen,*

4. *die für die Aus- und Fortbildung und Unterkunft der Feuerwehrangehörigen sowie für die Aufbewahrung der Ausrüstungsgegenstände erforderlichen Räume und Plätze zur Verfügung zu stellen und*

5. *die Kosten der Einsätze zu tragen, sofern nichts anderes bestimmt ist.*

Das Innenministerium kann Verwaltungsvorschriften über die Mindestzahl, Art, Beschaffenheit, Normung, Prüfung und Zulassung der vorgenannten Ausrüstungen und Einrichtungen sowie über die Gliederung der Gemeindefeuerwehr, die Dienst-grade, eine landeseinheitliche Bekleidung und die Aus- und Fortbildung der An-gehörigen der Gemeindefeuerwehr erlassen. Die Landesregierung wird ermächtigt, zur Sicherstellung eines effektiven Schutzes der Bevölkerung vor den in § 2 Abs. 1 genannten Gefahren Rechtsverordnungen über die Mindestanforderungen an die Leistungsfähigkeit und an die Funktionsträger der Gemeindefeuerwehr zu erlassen.

Auch die Aufgaben der Gemeinden in Bezug auf die Feuerwehr sind im Wesentlichen in den Bundesländern gleich geregelt. Allein beim Punkt Förderung der Brandschutz-erziehung und Brandschutzaufklärung gibt es Abweichungen. Die Länder Nordrhein-Westfalen, Hessen, Niedersachsen, Sachsen und Thüringen haben diese Tätigkeit als Aufgabe der Gemeinde im jeweiligen Gesetz stehen. Schleswig-Holstein ordnet die Aufgabe den Feuerwehren zu. Die Feuerwehrgesetze der anderen Bundesländer äußern sich nicht dazu.

Die Leistungsfähigkeit der Feuerwehr muss sich an den örtlichen Verhältnissen orientieren. Daran orientiert sich auch die Frage, ob eine Freiwillige Feuerwehr ausreicht oder ob infolge der Anforderungen eine Berufsfeuerwehr erforderlich ist. In der Aussage, wann eine Berufsfeuerwehr erforderlich ist, unterscheiden sich die Brandschutzgesetze. Viele Bundesländer sehen ab 100 000 Einwohnern zwingend eine Berufsfeuerwehr vor (z. B. Hessen, Baden-Württemberg, Niedersachsen), es gibt aber auch Vorgaben ab 80 000 Einwohnern (Sachsen). Andere Bundesländer binden die Einrichtung einer Berufsfeuerwehr an die Frage, ob eine Stadt kreisfrei ist (Nordrhein-Westfalen). Berufsfeuerwehrleute müssen wegen der Erfüllung hoheit-licher Pflichten als Beamte eingestellt werden. Ihre Laufbahn ist in landesrechtlich geregelten Laufbahngesetzen festgelegt.

Unterhalb der im jeweiligen Gesetz genannten Schwelle können die Gemeinden Berufsfeuerwehren einrichten oder die Freiwilligen Feuerwehren durch hauptamt-liche Kräfte unterstützen, die Routineaufgaben (z. B. Gerätepflege) übernehmen. Hauptamtliche Kräfte können auch – wenn sie in ausreichender Zahl zur Verfügung stehen – kleinere Einsätze ohne die Alarmierung freiwilliger Kräfte übernehmen. Berufsfeuerwehren unterscheiden sich in der Struktur und Führung von Freiwilligen Feuerwehren mit hauptamtlichen Kräften. Während eine Berufsfeuerwehr immer einen verantwortlichen Leiter hat, der nach den Vorgaben der Laufbahngesetze der jeweiligen Bundesländer ausgebildet und eingestellt ist, können Freiwillige Feuer-wehren mit hauptamtlichen Kräften durchaus auch von einem ehrenamtlichen Leiter geführt werden. In den meisten Städten mit Berufsfeuerwehr gibt es auch eine Freiwillige Feuerwehr.

Die Ausbildungsinhalte für Angehörige der Freiwilligen Feuerwehren sind in der Feuerwehr-Dienstvorschrift (FwDV) 2 »Ausbildung der Freiwilligen Feuerwehren« geregelt, die Ausbildung von Berufsfeuerwehrleuten wird durch die Lernzielkataloge für den feuerwehrtechnischen Dienst bestimmt. In Deutschland gibt es derzeit 106 Berufsfeuerwehren und rund 22 500 Freiwillige Feuerwehren.

2.4   Aufgaben der Kreise

Die Landkreise übernehmen im Bereich des Feuerwehrwesens überörtliche Aufgaben. Dazu gehört z. B. die Vorhaltung von Leitstellen für Feuerschutz und Rettungsdienst (Bild 2), die Einrichtung von überörtlichen Werkstätten für die Feuerwehren (z. B. Atemschutzwerkstatt, Schlauchwerkstatt), die Leitung und Koordinierung im Katastrophenschutz und teilweise auch die Aufsicht über die Feuerwehren der kreisangehörigen Gemeinden. Im Rahmen der kommunalen Zusammenarbeit wird oft auch die Grundausbildung von freiwilligen Feuerwehrleuten auf Kreisebene organisiert.

Bild 2   *Blick in eine Feuerwehr-leitstelle (Foto: Stefan Rasch)*

2.5   Aufgaben der Länder

Die Länder sind zuständig für die rechtlichen Regelungen des Feuerwehrwesens (Feuerwehrgesetze), unterhalten Landesfeuerwehrschulen zur Ausbildung von Führungskräften und Spezialisten und sind die Aufsichtsbehörden im Bereich des Feuer- und Katastrophenschutzes. Im Katastrophenfall sind die Länder für die Aufgaben des Katastrophenschutzes und die Führung der Einheiten auf Landesebene zuständig.

2

3 Organisationen im Feuerwehrwesen

3.1 Der Deutsche Feuerwehrverband und seine Mitgliedsorganisationen

Der Deutsche Feuerwehrverband (DFV) bündelt und vertritt die Interessen seiner ordentlichen Mitglieder – der 16 Landesfeuerwehrverbände sowie der Bundesgruppen der Berufsfeuerwehren und der Werkfeuerwehren. In den Landesfeuerwehrverbänden sind die Einsatzkräfte der Freiwilligen Feuerwehren (FF) und teilweise auch der Berufsfeuerwehren (BF) organisiert. Zwölf Fachbereiche, zum Teil in Kooperation mit der Vereinigung zur Förderung des Deutschen Brandschutzes (vfdb) und der Arbeitsgemeinschaft der Leiter der Berufsfeuerwehren (AGBF), sind für fachliche Stellungnahmen aus dem gesamten Brand- und Katastrophenschutz verantwortlich. Zu folgenden Themenschwerpunkten existieren Fachbereiche:

- Fachbereich 1 – Modul Öffentlichkeitsarbeit,
- Fachbereich 1 – Modul Brandschutzerziehung,
- Fachbereich 2 – Frauen,
- Fachbereich 4 – Fachausschuss Technik der deutschen Feuerwehren,
- Fachbereich 6 – Einsatz, Löschmittel und Umweltschutz,
- Fachbereich 7 – Sozialwesen,
- Fachbereich 8 – Gesundheitswesen und Rettungsdienst,
- Fachbereich 9 – Katastrophenschutz,
- Fachbereich 10 – Ausbildung und Forschung,
- Fachbereich 11 – Musik,
- Fachbereich 12 – Wettbewerbe,
- Fachbereich 14 – Jugendarbeit.

In diesen Fachbereichen arbeiten Fachleute aller Sparten des Feuerwehrwesens zusammen und analysieren in Ad-hoc-Arbeitskreisen Probleme und Ereignisse, begleiten Entwicklungen, erarbeiten fachliche Stellungnahmen und Konzepte für die Arbeit der Feuerwehren und für die Vertretung der Feuerwehrinteressen. Die Fachempfehlungen sind auf der Internetseite des DFV (www.feuerwehrverband.de) verfügbar und werden über geeignete Wege auch der Öffentlichkeit zugänglich gemacht.

Derzeit vertritt der Deutsche Feuerwehrverband rund 1,1 Millionen Mitglieder und ist damit einer der größten Verbände im Zusammenschluss ehrenamtlich tätiger

Menschen. Die verbandliche Organisation geht von der kommunalen Ebene (Stadtfeuerwehrverband) über die Kreisebene (Kreisfeuerwehrverband) zur Landesebene (Landesfeuerwehrverband) bis hin zum Deutschen Feuerwehrverband (DFV).

Der DFV organisiert gemeinsam mit seinen Partnern auf Landes-, Kreis- und Ortsebene die Deutschen Feuerwehrtage, die Feuerwehr-Jahresaktion, Wettbewerbe, Leistungsbewertungen und andere Veranstaltungen. Er ist eng mit dem Deutschen Feuerwehr-Museum in Fulda und der Stiftung »Hilfe für Helfer« für die psychosoziale Notfallversorgung verbunden. In Zusammenarbeit mit seinem Versandhaus in Bonn gibt der DFV das »Feuerwehr-Jahrbuch« heraus. Zudem vertritt er die deutschen Feuerwehren aktiv in der Internationalen Vereinigung des Feuerwehr- und Rettungswesens CTIF.

Die Schwerpunkte der Arbeit des DFV liegen derzeit in der Gestaltung von Kampagnen zur Sicherung der Mitgliederbasis der Freiwilligen Feuerwehr, im verstärkten Bemühen um Frauen und Menschen mit Migrationshintergrund sowie der Darstellung des doppelten Nutzens für den Arbeitgeber, wenn sich Arbeitnehmer aktiv in der Freiwilligen Feuerwehr beteiligen. Weiterhin bemüht sich der DFV auch darum, den europaweiten Notruf und die sachgerechte Absetzung von Notrufmeldungen bei der Bevölkerung besser bekannt zu machen.

3.2   Die Arbeitsgemeinschaft der Leiter der Berufsfeuerwehren (AGBF)

Die Arbeitsgemeinschaft der Leiter der Berufsfeuerwehren in der Bundesrepublik Deutschland (AGBF Bund) ist der Zusammenschluss aller deutschen Berufsfeuerwehren. Sie ist eine sich selbst tragende Vereinigung im Deutschen Städtetag (DST).

Die AGBF hat die Aufgabe, Erfahrungsaustausch unter den Berufsfeuerwehren zu pflegen, auf eine Koordination in wichtigen Fragen der Feuerwehren hinzuwirken sowie Grundsätze und Empfehlungen im Bereich des Feuerwehrwesens, des Rettungsdienstes, des Katastrophenschutzes und der Gefahrenabwehr auf dem Gebiet des Umweltschutzes zu entwickeln. Neben der AGBF Bund gibt es in jedem Bundesland eine AGBF auf Landesebene.

In der AGBF bearbeiten folgende Arbeitskreise aktuelle Themen des Feuerwehrwesens:

- Arbeitskreis Grundsatzfragen,
- Arbeitskreis Vorbeugender Brand- und Gefahrenschutz,
- Arbeitskreis Ausbildung,
- Fachausschuss Technik (gemeinsam mit dem DFV),

- Arbeitskreis Zivil- und Katastrophenschutz,
- Arbeitskreis Rettungsdienst.

Die Arbeitskreise geben Grundsatz- und Arbeitspapiere heraus, die ein Meinungsbild des deutschen Feuerwehrwesens widerspiegeln. Diese sind auf der Internetseite www.agbf.de verfügbar. Besonders wichtig für Architekten und Ingenieure im Bauwesen sind dabei die Empfehlungen des Arbeitskreises Vorbeugender Brand- und Gefahrenschutz. Sie stellen in dem Schnittstellenbereich Feuerwehr/Bauwesen das aktuelle Meinungsbild der Feuerwehren dar und beeinflussen damit direkt das Arbeitsfeld.

3.3   Die Vereinigung zur Förderung des Deutschen Brandschutzes (vfdb)

Die vfdb hat das Ziel der Förderung der wissenschaftlichen, technischen und organisatorischen Weiterentwicklung der Gefahrenabwehr für mehr Sicherheit in Bezug auf den Brandschutz, die Technische Hilfeleistung, den Umweltschutz, den Rettungsdienst und den Katastrophenschutz (nichtpolizeiliche Gefahrenabwehr).

Mit Stand vom Mai 2016 hatte die vfdb rund 2 400 Einzel- sowie 500 kooperative Mitglieder aus Wirtschaft und Gesellschaft, davon mehr als 100 Stadtverwaltungen, zudem Ministerien, Forschungsinstitute, Verbände, Vereine sowie die verbundenen nationalen und internationalen Feuerwehrorganisationen. Die vfdb handelt bundes- und teilweise auch weltweit.

In der vfdb existieren folgende Referate:

- Referat 1 »Vorbeugender Brandschutz«,
- Referat 2 »Brand- und Explosionsursachen«,
- Referat 3 »Feuerwehren«,
- Referat 4 »Ingenieurmethoden des Brandschutzes«,
- Referat 5 »Brandbekämpfung, Gefahrenabwehr«,
- Referat 6 »Fahrzeuge und technische Hilfeleistung«,
- Referat 7 »Informations- und Kommunikationstechnik«,
- Referat 8 »Persönliche Schutzausrüstung«,
- Referat 9 »Werksicherheit und Werkbrandschutz«,
- Referat 10 »Umweltschutz«,
- Referat 11 »Brandschutzgeschichte«,

- Referat 12 »Brandschutzaufklärung und -erziehung, Öffentlichkeitsarbeit«,
- Referat 13 »Forschungsmanagement und Information«,
- Referat 14 »Brandschutzanlagen«.

Die Arbeitsergebnisse der Fachreferate des Technisch-Wissenschaftlichen Beirates (TWB) und des Beirates der Feuerwehren, Vorträge und Aussprachen bei Tagungen und Seminaren werden dokumentiert und stehen der interessierten Öffentlichkeit im In- und Ausland zur Verfügung. Die vfdb ist zudem Träger der weltgrößten Messe für Brand- und Katastrophenschutz, der »Interschutz«, die alle fünf Jahre in Deutschland stattfindet.

Dokumente der vfdb werden in Form von Technischen Berichten, Richtlinien sowie Merkblättern herausgegeben und stellen den Stand des Wissens im Bereich Brandschutz, der Gefahrenverhütung und Gefahrenabwehr dar. Informationen dazu sind im Internet unter www.vfdb.de ersichtlich. Nationale Fachtagungen und Internationale Brandschutz-Seminare (IBS) mit in- und ausländischen Fachleuten ergänzen die Detailarbeit in den Arbeitsgruppen und Fachreferaten der vfdb. Die Richtlinien der vfdb beeinflussen wie die Arbeitspapiere des AGBF-Arbeitskreises »Vorbeugender Brand- und Gefahrenschutz« entscheidend die Entwicklung des Vorbeugenden Brandschutzes. Beispiele hierfür sind die vfdb-Richtlinie 01-01 »Brandschutzkonzept«, der Leitfaden »Ingenieurmethoden des Brandschutzes« oder das vfdb-Merkblatt »Beschreibung der baurechtlichen Bestimmungen zu Rettungswegen«.

3

4 Leistungsfähigkeit der Feuerwehr

4.1 Bestandteile einer modernen Feuerwehr

In Deutschland gibt es in jeder Gemeinde eine Feuerwehr. Dies leitet sich aus der Zuständigkeit der Gemeinden nach dem jeweiligen Feuerwehrgesetz für die Einrichtung einer Feuerwehr her. Dabei bestehen hinsichtlich der Größe und dem Aufgabenbereich der Feuerwehr einer kleinen Gemeinde und beispielsweise der Berufsfeuerwehr einer Landeshauptstadt erhebliche Unterschiede. Was kennzeichnet eine Feuerwehr und wie unterscheiden sich Feuerwehren in Gemeinden und Städten verschiedener Größe?

Für eine Feuerwehr sind entsprechend der Risikostruktur einer Gemeinde eine ausgebildete und hierarchisch strukturierte Mannschaft, dazugehörige Fahrzeuge, Geräte und Unterkünfte sowie Maßnahmen der Einsatzvorbereitung notwendig.

4.1.1 Mannschaft

Grundvoraussetzung jeder Feuerwehr sind Menschen, die diese Tätigkeit wahrnehmen. Das Handeln im Falle eines Brandes oder einer komplizierten Technischen Hilfeleistung verlangt die schnelle Beurteilung und Entscheidung von Menschen. Keine Einsatzsituation ist räumlich, sachlich und zeitlich identisch. Sie kann nur ähnlich sein. Die auftretenden Situationen verlangen jedes Mal eine erneute Beurteilung und Entscheidung. Diese Entscheidungen können nur von gut ausgebildeten und trainierten Menschen getroffen werden.

Die Menschen in der Feuerwehr können sowohl ehrenamtlich als auch hauptamtlich tätig sein. Die Frage, ob hauptamtlich oder ehrenamtlich, hängt zunächst von der zeitlichen Beanspruchung ab. In einer kleinen Gemeinde gibt es im Jahr vielleicht 50 Einsätze der Feuerwehr. Abgesehen davon, dass das Risiko einer hochkomplexen Lage sicher auch in einer kleinen Gemeinde bestehen kann, können 50 Einsätze im Jahr von freiwilligen Kräften geleistet werden, welche die entsprechende Ausbildung genossen haben und ihre Fähigkeiten kontinuierlich trainieren. Diese Menschen gehen einer eigenen beruflichen Beschäftigung nach und erfüllen die Aufgabe der Feuerwehr nur im Einsatzfall. Dazu hat der Gesetzgeber festgelegt, dass sie von ihrem Arbeitgeber freigestellt werden müssen. Die Ausbildung und das Training erfolgen in ihrer Freizeit.

Steigen die Einsatzzahlen an, wie es bei größeren Gemeinden und Städten zu erwarten ist, dann ist die Einsatzbelastung neben einer beruflichen Tätigkeit nicht mehr von ehrenamtlichen Kräften zu bewältigen. Als Übergang zwischen einer Freiwilligen Feuerwehr mit ausschließlich ehrenamtlichen Kräften und einer Berufsfeuerwehr gibt es Freiwillige Feuerwehren mit hauptberuflichen Kräften. Dies sind von der Führung und Struktur her immer noch Freiwillige Feuerwehren, die tägliche Routinearbeit wird aber von hauptberuflichen Kräften übernommen und nur bei größeren Einsatzanforderungen werden ehrenamtliche Kräfte hinzugezogen. In den Feuerwehrgesetzen der Bundesländer ist festgelegt, wann eine Berufsfeuerwehr zwingend erforderlich ist. Dies ist meist bei 100 000 Einwohnern der Fall. Es gibt aber auch Bundesländer, die die Notwendigkeit einer Berufsfeuerwehr z. B. an der Frage festmachen, ob es sich um eine kreisfreie Stadt handelt.

Berufsfeuerwehren sind meistens als städtische Ämter ausgebildet und werden von ingenieurtechnisch ausgebildeten Mitarbeitern des gehobenen und höheren feuerwehrtechnischen Dienstes geleitet (Bild 3). Berufsfeuerwehrleute sind in der Regel Beamte, da sie hoheitliche Aufgaben wie die Einschränkung von Grundrechten bei Bränden wahrnehmen müssen (z. B. das Betreten von fremden Wohnungen ohne zwingende Erlaubnis des Besitzers oder die Inanspruchnahme bestimmter Fahrzeuge oder Geräte, wenn sie zur Erfüllung der Einsatzaufgabe unbedingt erforderlich sind). Beschäftigte von Berufsfeuerwehren gehören dem mittleren, gehobenen oder höheren feuerwehrtechnischen Dienst an. Die Voraussetzung für den mittleren feuerwehrtechnischen Dienst ist meistens eine abgeschlossene Berufsausbildung in einem für die Feuerwehr geeigneten Berufszweig. Für den gehobenen feuerwehrtechnischen Dienst wird entweder eine umfangreiche Berufserfahrung als Feuerwehrangehöriger und das Bestehen einer Laufbahnprüfung oder ein Bachelor-Studium in der Regel in einer Ingenieurwissenschaft verlangt. Voraussetzung für den höheren feuerwehrtechnischen Dienst ist entweder eine umfangreiche Erfahrung im gehobenen feuerwehrtechnischen Dienst oder ein Master-Abschluss mit einer darauffolgenden zweijährigen Referendarzeit und einer Staatsprüfung. Die Details sind in den Laufbahngesetzen der Bundesländer und in entsprechenden Ausbildungs- und Prüfungsordnungen geregelt.

Die Mannschaft – egal ob Freiwillige Feuerwehr oder Berufsfeuerwehr – muss dafür ausgebildet sein, unter Zuhilfenahme der erforderlichen Gerätschaften eine Gefährdungslage zumindest soweit unter Kontrolle zu bringen, dass eine weitere Ausbreitung nicht mehr zu befürchten ist. Im Rahmen dieser Ausbildung gibt es auch ordnende Führungsprinzipien, die in einer hierarchischen Aufbauorganisation ihren Ausdruck finden.

4

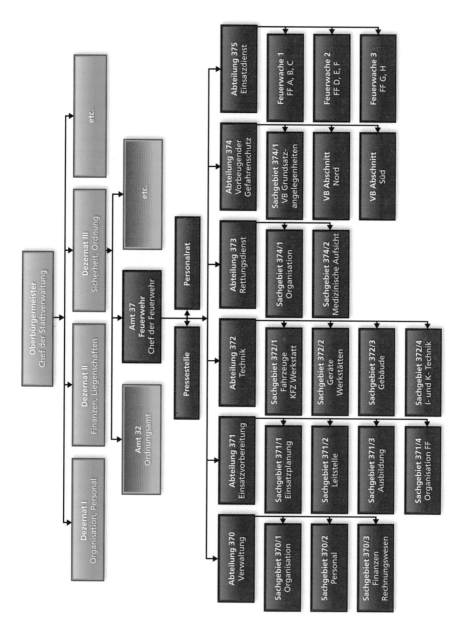

Bild 3 *Beispielhaftes Organigramm einer Berufsfeuerwehr (Grafik: Verlag W. Kohlhammer)*

Die kleinste Einheit der Feuerwehr stellt der Trupp dar, der aus zwei Mitgliedern besteht, von denen mindestens eines die Führungsverantwortung trägt. Die nächstgrößere Einheit ist die Staffel, die aus fünf Feuerwehrangehörigen und einem Staffelführer besteht. Hier spricht man von der kleinsten taktischen Einheit, die in der Lage ist, mit dem erforderlichen Gerät eine kleine Einsatzlage zu bewältigen. Innerhalb der Staffel existiert eine Aufgabenteilung, welche die Bewältigung der jeweiligen Lage ermöglicht. So gibt es einen Angriffstrupp, der die direkte Brandbekämpfung am Brandherd vornimmt und einen Wassertrupp, der die Wasserversorgung für den Angriffstrupp herstellt. Ein Maschinist bedient die erforderlichen Geräte wie z. B. die Feuerlöschkreiselpumpe und fährt das Feuerwehrfahrzeug zur Einsatzstelle. Die nächste Stufe stellt die Gruppe dar, die aus acht Feuerwehrangehörigen und einem Gruppenführer besteht. Aufgrund der Personalknappheit, sowohl im hauptberuflichen als auch im ehrenamtlichen Bereich, wird diese Einheit, die früher den Standard als Erstangriffseinheit darstellte, nicht mehr so häufig verwendet. Sie wurde weitgehend von der Staffel abgelöst.

Als Kompensation für den Wegfall von Personal wurden die Fahrzeuge und Ausrüstungen in den vergangenen Jahren soweit optimiert, dass man mit dem Personal einer Staffel heute weit mehr erreichen kann, als dies vor 40 Jahren möglich war. Für personalintensive Tätigkeiten werden heute z. B. mehrere Staffeln im Additionsprinzip eingesetzt, die unter eine einheitliche Führung eines Einsatzleiters gestellt werden. Dieses Prinzip setzt sich fort, wenn räumlich verteilt an einer Einsatzstelle mehrere Einsatzabschnitte gebildet werden, die jeweils einem Einsatzabschnittsleiter unterstellt sind. Über diesen Einsatzabschnittsleitern steht dann wieder ein übergeordneter Einsatzleiter, der sich zur Unterstützung auch eines Führungsstabes bedienen kann (Bild 4).

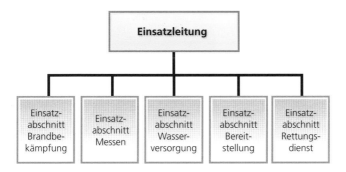

Bild 4   *Struktur einer Einsatzstelle mit mehreren Einsatzabschnitten*
(Grafik: Verlag W. Kohlhammer)

4.1.2 Fahrzeuge und Geräte

Die Einsatzkräfte werden mit Einsatzfahrzeugen zur Einsatzstelle gebracht, in denen die erforderlichen Geräte mitgeführt werden. Hinsichtlich der Haupttätigkeit der Feuerwehr unterscheidet man Löschfahrzeuge, Hubrettungsfahrzeuge und Sonderfahrzeuge.

Löschfahrzeuge dienen dem Transport von Mannschaft und Gerät speziell für die Brandbekämpfung (Bild 5). Im begrenzten Umfang transportieren sie auch Löschwasser für einen ersten Löschangriff. Kernstück ist die Feuerlöschkreiselpumpe, die Wasser über Schläuche, Armaturen und Strahlrohre zum Brandherd transportiert. Zusätzlich sind auf Löschfahrzeugen tragbare Leitern für die Rettung von Menschen bis zu einer Höhe von 7,20 m (Steckleiter) bzw. 12,00 m (Schiebleiter) und in vielen Fällen Werkzeuge für die Technische Hilfeleistung vorhanden. In Abhängigkeit von den zu erledigenden Aufgaben existieren Löschfahrzeuge mit einem geringen Wasservorrat und wenigen Geräten für kleine Feuerwehren auf dem Lande bis hin zu komplexen Hilfeleistungslöschfahrzeugen, die eine umfangreiche Beladung zur Bekämpfung größerer Brände und zur Durchführung größerer Technischer Hilfeleistungen mitführen. Tanklöschfahrzeuge sind Löschfahrzeuge, die eine ver-

Bild 5   *Löschgruppenfahrzeug LF 10 (Foto: Jochen Thorns)*

Bild 6   *Tanklöschfahrzeug TLF 3000 (Foto: Jochen Thorns)*

4

Bild 7   *Drehleiter DLAK 23/12 (Foto: Jochen Thorns)*

minderte Beladung und oft auch nur eine Besatzung von drei Feuerwehrangehörigen haben, dafür aber Wassermengen von bis zu 5 000 Liter und mehr mitführen (Bild 6). Darüber hinaus gibt es noch Sonderlöschfahrzeuge für Flughäfen oder für die Industriebrandbekämpfung.

Hubrettungsfahrzeuge sind Drehleitern oder Hubarbeitsbühnen. Am weitesten verbreitet sind Drehleitern (Bild 7). Sie werden nach ihrer Nennrettungshöhe und der dazugehörigen Nennausladung bezeichnet. DLAK 23/12 bedeutet, dass diese (Automatik-)Drehleiter mit Rettungskorb eine Rettungshöhe von 23 m bei einer Ausladung von 12 m erreichen kann. Drehleitern dienen als Zugangsweg für Feuerwehrleute zur Brandbekämpfung oder als Rettungsmittel für vom Feuer eingeschlossene Personen.

Für den Betrieb insbesondere einer größeren Feuerwehr oder in der Summe für alle Feuerwehren eines Landkreises sind Sonderfahrzeuge erforderlich. Dazu gehören sowohl Einsatzleitfahrzeuge verschiedener Größen als auch Rüstwagen, Schlauchwagen oder Kranwagen. Für größere oder spezielle Einsatzlagen werden teilweise Systeme mit Abrollbehältern vorgehalten. Für diese Abrollbehälter gibt es Trägerfahrzeuge, die nach Bedarf den geeigneten Abrollbehälter an die Einsatzstelle transportieren, dort absetzen und dann ggf. einen weiteren Abrollbehälter holen und zur Einsatzstelle bringen.

4.1.3 Feuerwachen

Feuerwachen können in Abhängigkeit von der Größe einer Feuerwehr sehr unterschiedlich sein. Das Feuerwehrgerätehaus einer kleinen Freiwilligen Feuerwehr verfügt in der Regel über einen Unterstellplatz für das Löschfahrzeug sowie verschiedene kleinere Räume für die Unterbringung, Wartung und Pflege von Geräten und Persönlicher Schutzausrüstung (Bild 8). Zum Standard auch einer kleineren Freiwilligen Feuerwehr gehört heute eine mehr oder weniger umfangreich ausgestattete Küche sowohl für die Einsatzverpflegung als auch für gemeinschaftsbildende Aktivitäten.

Bei größeren Freiwilligen Feuerwehren kann die Feuerwache schon sehr umfangreich sein, wenn z. B. sechs Fahrzeuge und Material für 60 Feuerwehrleute untergebracht werden müssen. Hier sind auch größere Sanitär- und Unterrichtsräume erforderlich (Bild 9).

Berufsfeuerwehrwachen, die auch für die Unterbringung von Einsatzkräften für einen Zeitraum von 24 Stunden ausgelegt sind, haben zusätzlich Ruheräume, Speiseräume und vielfach auch Werkstätten zur Wartung der Geräte. Zudem ver-

Bild 8 *Feuerwehrgerätehaus einer kleinen Freiwilligen Feuerwehr*

4

Bild 9 *Feuerwache einer größeren Freiwilligen Feuerwehr (Foto: Feuerwehr Wiesloch)*

Bild 10   *Feuerwache einer Berufsfeuerwehr (Foto: Detlef Machmüller)*

fügen sie häufig über Sporträume, in denen sich die Einsatzkräfte körperlich ertüchtigen können (Bild 10).

4.1.4 Einsatzvorbereitung

Ein organisierter und wirkungsvoller Einsatz ist aber noch nicht alleine mit den bisher genannten Maßnahmen möglich. Im Vorfeld eines Feuerwehreinsatzes müssen bestimmte Maßnahmen der Einsatzvorbereitung getroffen werden. Bauliche Maßnahmen an den Gebäuden des Einsatzgebietes werden durch einen organisierten Vorbeugenden Brandschutz im Rahmen des Baugenehmigungsverfahrens gefordert. Hierzu werden in einem folgenden Kapitel ausführliche Erläuterungen gegeben. Im Vorfeld eines Einsatzes sind aber auch Informationen über die Wasserversorgung eines Stadt-/Gemeindegebietes und dabei insbesondere das Hydrantennetz und seine Leistungsfähigkeit erforderlich. Im Einsatzfall werden diese Informationen in

Hydrantenplänen genutzt. Im Rahmen einer Alarm- und Ausrückeordnung (AAO, siehe Tabelle 1) muss auch vorbereitet werden, welche Einsatzmittel zu welchem Ereignis ausrücken. So ist es z. B. ein Unterschied, ob ein kleiner Wohnungsbrand gemeldet wird oder ein Feuer in einem Industriebetrieb, der mit gefährlichen Stoffen arbeitet. Auch im ländlichen Bereich sind Alarm- und Ausrückeordnungen notwendig, wenn in Abhängigkeit vom Objekt mehrere Feuerwehren alarmiert werden müssen (z. B. Krankenhaus, Tanklager, große Industriebetriebe u. Ä.).

Tabelle 1   *Beispiel für eine Alarm- und Ausrückeordnung (AAO)*

| Einsatzstichwort | Einsatzmittel | | | | | |
	HLF	DL	RTW	RW	KW	AB Ge-fahrgut
Feuer gering	1	-	-	-	-	-
Feuer mittel	2	1	1	-	-	-
Feuer Menschen-rettung	3	1	2	-	-	-
Feuer groß	4	2	2	-	-	-
Verkehrsunfall	1	-	-	-	-	-
Verkehrsunfall Person eingeklemmt	1	-	1	1	1	-
Verkehrsunfall Gefahrgut	2	-	1	1	1	1

4.1.5 Feuerwehrleitstellen

Die Alarmierung der Feuerwehr wird von Leitstellen durchgeführt. Das Personal dieser Leitstellen muss genaue Kenntnisse über das Einsatzgebiet und die verfügbaren Feuerwehren haben. Die Tätigkeit dieser Leitstellen zu organisieren gehört mit zur Einsatzvorbereitung. Feuerwehrleitstellen sind in der Regel mit computergesteuerten Einsatzleitsystemen ausgestattet. Darin sind alle Adressen des Zuständigkeitsgebietes, alle alarmierbaren Einsatzfahrzeuge mit ihrem Standort und Status (verfügbar am Standort, verfügbar über Funk, im Einsatz oder auf der Rückfahrt) sowie die Festlegungen der Alarm- und Ausrückeordnung, zu welchem Stichwort welche Einheiten zu entsenden sind, abgelegt.

Auf Grundlage der Einsatzadresse und des geschilderten Ereignisses wird durch den Disponenten, der den Notruf angenommen hat, ein Einsatz angelegt. Dabei prägt er ein Stichwort, das in der Alarm- und Ausrückeordnung hinterlegt ist. Mit der Bestätigung von Stichwort und Adresse macht der Einsatzleitrechner einen Vorschlag für den Disponenten, welche Einheiten er zu dem Ereignis entsenden würde. Ist der Disponent damit einverstanden und bestätigt den Einsatzvorschlag, so erfolgt die automatisierte Alarmierung der Einsatzkräfte. Der Einsatz wird an die Funkführung übergeben, wo ein Funksprecher die Verbindung mit den alarmierten Einheiten für Rückmeldungen und ggf. erforderliche Nachalarmierungen hält. Die alarmierten Fahrzeuge bestätigen mit Hilfe eines Funkmeldesystems (FMS), ob sie die Alarmierung übernommen haben, am Einsatzort eingetroffen sind, wieder über Funk einsatzbereit oder auf der Wache zurück sind.

Derzeit besteht der Trend, dass man die Leitstellen von Feuerwehr und Rettungsdienst zu Integrierten Leitstellen zusammenfasst. Teilweise werden auch Leitstellen von Feuerwehr, Polizei und Rettungsdienst zu Kooperativen Leitstellen zusammengeschlossen. In diesen Kooperativen Leitstellen werden vor allem technische Ressourcen gemeinsam genutzt, während der organisatorische Leitstellenbetrieb weitgehend getrennt bleibt.

4.2   Parameter zur Beschreibung der Leistungsfähigkeit einer Feuerwehr

Für den Bürger und damit den Leistungsempfänger der Feuerwehr ist es wichtig, dass zu jedem Zeitpunkt in einer angemessenen Zeit an jeder Stelle eine sachkundige und trainierte Mannschaft ihm aus seiner Notlage hilft. Die AGBF Bund hat daher im Jahr 1998 in ihrer Empfehlung »Qualitätskriterien für die Bedarfsplanung von Feuerwehren in Städten«, die im Jahr 2015 fortgeschrieben wurde, drei Parameter als Kennzeichen der Leistungsfähigkeit einer Feuerwehr hergeleitet:

- Hilfsfrist,
- Funktionsstärke,
- Erreichungsgrad.

Als Ausgangslage für die Festlegung der nachfolgenden Definitionen wurde der Einsatz der Feuerwehr beim so genannten »kritischen Wohnungsbrand« festgelegt. Als kritische Aufgabe versteht man den Wohnungsbrand in einem Obergeschoss eines mehrgeschossigen Wohnhauses mit Menschenrettung über Leitern der Feuerwehr bei einem verrauchten Treppenraum. Auf Basis dieser Einsatzlage werden

Schutzziele vorgeschlagen, die mit den unten dargestellten Parametern in die Diskussion eines Brandschutzbedarfsplanes einfließen (siehe Kapitel 4.3).

4.2.1 Hilfsfrist

Die Hilfsfrist ist die Zeitspanne zwischen der Meldung eines Schadenfeuers und dem Eintreffen der Feuerwehr an der Einsatzstelle. Sie setzt sich aus der Gesprächs- und Dispositionszeit in der Feuerwehrleitstelle, der Ausrückezeit und der Anfahrtszeit zusammen (Bild 11). Dabei ist klar, dass für die gesamte Zeitspanne zwischen der Entstehung eines Brandes und dem Beginn der wirksamen Brandbekämpfung mehr Zeit verstreicht. Zeiten wie die Zeit zwischen der Entdeckung und der Meldung sind jedoch durch die Feuerwehr nicht beeinflussbar. Sie können damit auch nicht zur Beurteilung der Leistungsfähigkeit der Feuerwehr herangezogen werden. Die Hilfsfrist gemäß der Definition der Arbeitsgemeinschaft der Leiter der Berufsfeuerwehren

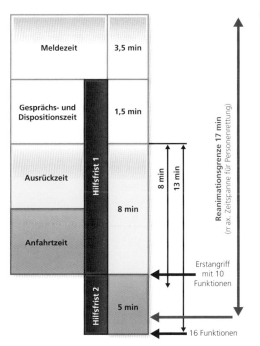

Bild 11 *Hilfsfrist nach AGBF-Standard (Grafik: Verlag W. Kohlhammer)*

(AGBF) wird in Deutschland als Stand der Technik anerkannt. Es gibt aber auch Abweichungen, die in der Regelungshoheit der Bundesländer begründet sind.

4.2.2 Funktionsstärke

Die Funktionsstärke richtet sich nach der Aufgabe der Feuerwehr, die als kritische Aufgabe mindestens erledigt werden muss. Im Arbeitspapier der AGBF wird von einer notwendigen Funktionsstärke von mindestens 16 Funktionen zur Bekämpfung des kritischen Wohnungsbrandes ausgegangen. Eine Funktion ist die dauerhafte Besetzung eines Aufgabengebietes auf einem Löschfahrzeug (z. B. Staffelführer oder Maschinist, aber auch alle anderen Funktionen wie z. B. Angriffstruppführer oder Wassertruppmann). Diese dauerhafte Besetzung über 24 Stunden und 365 Tage des Jahres erfordert im Fall einer Berufsfeuerwehr mehr als einen Mitarbeiter. Wenn man die Personalstärke im Einsatzdienst einer Berufsfeuerwehr berechnet, multipliziert man die Anzahl der vorgehaltenen Funktionen mit dem Personalfaktor. Der Personalfaktor berücksichtigt die Ausfallzeiten, die beachtet werden müssen, um für den Einsatzdienst die täglich vorzuhaltende Funktionsbesetzung gewährleisten zu können. Er ist stark von der wöchentlichen Arbeitszeit abhängig und kann zwischen vier und teilweise 6,5 schwanken. Folgende Ausfallzeiten müssen bei der Ermittlung des Personalfaktors einer Berufsfeuerwehr berücksichtigt werden:

- Erholungsurlaub,
- Wochenfeiertage,
- Erkrankungszeiten,
- Fortbildungszeiten,
- Personal- und Dienstversammlungen,
- Personalratstätigkeiten,
- Elternzeiten, Mutterschutzzeiten,
- ggf. eingeführte Rufbereitschaftszeiten,
- weitere Ausfallzeiten (z. B. Katastrophenschutzeinsätze, Tag der offenen Tür, Brandschutzerziehung).

4.2.3 Erreichungsgrad

Der Erreichungsgrad ist der prozentuale Anteil von Einsätzen, bei denen sowohl die Hilfsfrist als auch die Funktionsstärke eingehalten wird. Liegt z. B. ein Erreichungsgrad von 80 Prozent vor, heißt dies, dass in 4/5 aller Einsätze die gesetzten Ziele erreicht werden, in 1/5 der Einsätze die Ziele aber verfehlt wurden.

4.2.4 Handlungsfähigkeit

Ergänzend zu den als Stand der Technik zu akzeptierenden drei Grundparametern der AGBF möchte der Autor als ein weiteres wichtiges Kennzeichen der Leistungsfähigkeit einer Feuerwehr auch die Handlungsfähigkeit einer Feuerwehr mit anführen. Diese setzt voraus, dass das eintreffende Personal in der Lage ist, die gestellte Aufgabe zu bewältigen. Dazu gehört eine Ausbildung für die Aufgabe der Brandbekämpfung und der Technischen Hilfeleistung sowie das entsprechende Training zur Aufrechterhaltung des Ausbildungsstandes. Es zählt aber auch die Organisation einsatzvorbereitender Maßnahmen und ein Mindestmaß an Vorkehrungen im Rahmen des Vorbeugenden Brandschutzes im Einsatzgebiet dazu. Diese Ergänzung soll verdeutlichen, dass auch Anforderungen an das Personal, die Einsatzvorbereitung und die Maßnahmen des Vorbeugenden Brandschutzes starken Einfluss auf die Leistungsfähigkeit einer Feuerwehr nehmen. Das bedeutet auch, dass die Leistungsfähigkeit sinkt, wenn diese Grundvoraussetzungen nicht gewährleistet sind.

4

4.3   Brandschutzbedarfsplan

Zur Bestimmung der erforderlichen Stärke einer Feuerwehr wird das Instrument der Brandschutzbedarfsplanung angewendet. In einigen Bundesländern werden die Gemeinden durch die jeweiligen Brandschutzgesetze dazu verpflichtet, im Rahmen eines Brandschutzbedarfsplans ihre Feuerwehr zu dimensionieren.

Die erforderliche Stärke einer Feuerwehr richtet sich nach den folgenden Faktoren:

1. Einwohnerzahl und Fläche der Gemeinde,
2. Art und Nutzung der Gebäude,
3. Art der Betriebe und Anlagen mit erhöhtem Brandrisiko,
4. Schwerpunkte für die Technische Hilfeleistung, auch unter Berücksichtigung von möglichen Einsätzen mit Gefährlichen Stoffen und Gütern,
5. geografische Lage und Besonderheiten der Gemeinde,
6. Löschwasserversorgung,
7. Alarmierung der Feuerwehr sowie
8. Erreichbarkeit des Einsatzortes.

Vor der Dimensionierung einer Feuerwehr muss zunächst festgelegt werden, welches Schutzziel erreicht werden soll.

Das Schutzziel im Rahmen der Brandschutzbedarfsplanung setzt den Standard, mit wieviel Einsatzkräften und Fahrzeugen welcher Qualität eine Feuerwehr in welcher Zeit eintrifft. Diese Festlegung ist in der Regel eine politische Entscheidung, die aber nicht ohne Risiko vom Stand der Technik abweichen kann. Gemäß der Rechtsprechung des Bundesverfassungsgerichtes sind die Grundvoraussetzungen für einen offenen normativen Standard erfüllt, wenn:

- Anerkennung durch die Mehrheit der Fachleute vorliegt,
- eine wissenschaftliche Begründung erstellt ist,
- praktische Erprobung erfolgte und
- eine ausreichende Bewährung erfolgte.

Dies ist durch die Schutzzieldefinition der Arbeitsgemeinschaft der Leiter der Berufsfeuerwehren (AGBF) gewährleistet.

Das Schutzziel der AGBF geht derzeit von der Erreichung folgender Werte aus: Innerhalb von 9,5 Minuten nach dem ersten Kontakt der Leitstelle mit dem Notrufenden müssen zehn Einsatzkräfte der Feuerwehr mit geeigneter Ausbildung und

Aufgaben:

Einsatzführung
Menschenrettung über Treppenraum
Menschenrettung über 2. Rettungsweg
Sicherheitstrupp/Wasserversorgung

Brandbekämpfung,
Wasserversorgung

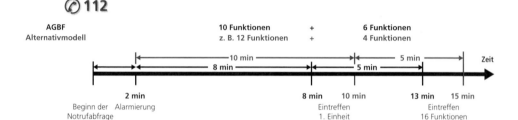

Bild 12   *Schutzziel nach AGBF-Standard (Grafik: Verlag W. Kohlhammer)*

36

geeignetem Material eine Einsatzstelle erreichen (Hilfsfrist 1, vgl. Bild 11). Die nächsten sechs Einsatzkräfte müssen spätestens nach 14,5 Minuten zu den bereits anwesenden Kräften dazu stoßen (Hilfsfrist 2, vgl. Bild 11). Bewusst wurden die Einsatzkräfte hierbei nicht an eine bestimmte Fahrzeugkonstellation gebunden, sondern allein deren Fähigkeit, eine Brandbekämpfung und Menschenrettung aus dem Obergeschoss eines mehrgeschossigen Wohngebäudes vorzunehmen, betrachtet. Das bedeutet, dass das Schutzziel auch auf eine Addition verschiedener Freiwilliger Feuerwehren ausgelegt werden kann (Bild 12).

Im Rahmen eines Brandschutzbedarfsplans ist eine Risikoanalyse durchzuführen, aus der dann die erforderlichen Maßnahmen für den Brandschutz abzuleiten sind.

Das Risiko ist das Produkt aus Eintrittswahrscheinlichkeit und Ausmaß des Schadenereignisses (Risiko = Eintrittswahrscheinlichkeit x Schadenausmaß). Das Risiko ist gleich, egal ob es eine hohe Eintrittswahrscheinlichkeit und ein geringes Schadenausmaß gibt oder ein großes Schadenausmaß und eine geringe Eintrittswahrscheinlichkeit (Bild 13).

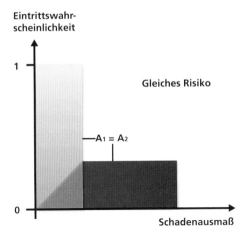

Bild 13   Gleiches Risiko – Eintrittswahrscheinlichkeit mal Schadenausmaß (Grafik: Verlag W. Kohlhammer)

Auf Basis der Risikobetrachtung und der politisch festzulegenden Schutzziele wird ein Soll-Zustand bestimmt. Dieser wird mit dem derzeitigen Ist-Zustand verglichen. Aus dem Soll-Ist-Vergleich folgt dann ein Maßnahmenplan.

Zum besseren Verständnis soll hier exemplarisch der Brandschutzbedarfsplan der Stadt Gelsenkirchen mit Stand vom 13. September 2011 betrachtet werden, der im Internet unter www.gelsenkirchen.de verfügbar ist. Dieser hat folgende Grobgliederung:

1. Vorbemerkungen
2. Rechtliche Grundlagen
3. Kommunales Gefahrenpotenzial in der Stadt Gelsenkirchen
4. Ist-Struktur der Feuerwehr der Stadt Gelsenkirchen
5. Schutzziel der Stadt Gelsenkirchen
6. Soll-Struktur der Feuerwehr der Stadt Gelsenkirchen
7. Soll-Ist-Vergleich der Feuerwehr der Stadt Gelsenkirchen
8. Maßnahmenplan

Die Vorbemerkungen stellen die Vorgehensweise dar und die Rechtsgrundlagen zählen die angewendeten Vorschriften auf.

Im Kapitel »Kommunales Gefahrenpotenzial« werden durch eine systematische Gefahrenanalyse die Risiken durch Brände und Technische Notlagen für die Stadt betrachtet. Im Rahmen der Gefahrenanalyse werden insbesondere Einwohnerdichte, flächenmäßige Ausdehnung, Topografie, Bebauung, Gewerbe, Industrie und Verkehrsinfrastruktur untersucht und einer Risikobewertung unterzogen.

Im Kapitel 4 wird die derzeitige Struktur der Feuerwehr dargestellt. Dazu zählen sowohl die Personalstärke und die Standorte mit deren Ausstattung der Berufsfeuerwehr als auch die vorhandene Freiwillige Feuerwehr.

In Kapitel 5 wird dann unter Betrachtung der Situation in der Vergangenheit, des Stands der Technik und der Leistungsfähigkeit der Gemeinde das Schutzziel im Rahmen einer politischen Erklärung eines Planungszieles dargelegt. Das Schutzziel für Gelsenkirchen ist wie folgt vereinbart: *„Der Einsatzort des standardisierten Schadenereignisses »Kritischer Wohnungsbrand« und anderer Schadensarten, die ein entsprechendes Kräfteaufgebot erfordern, ist von 10 Einsatzkräften in einer Hilfsfrist von 9,5 Minuten (Schutzziel Teil 1) und von weiteren 6 Funktionen, also insgesamt 16 Einsatzkräften innerhalb von 14,5 Minuten (Schutzziel Teil 2) zu erreichen. Der reale Zielerreichungsgrad ist mit 90 % der schutzzielrelevanten Einsätze festgelegt."*

Das Schutzziel ist der Konsens einer internen Arbeitsgruppe der Stadt Gelsenkirchen und geprägt von

- der Gleichzeitigkeit von Einsätzen, die die zuständige/n Feuerwache/n teilweise oder ganz binden,
- der strukturellen Betrachtung des Stadtgebietes,
- der Optimierung des Personaleinsatzes,
- den Verkehrs- und Witterungseinflüssen.

Als politisches Ziel ist das Schutzziel vom Rat der Stadt verabschiedet und stellt eine wesentliche Planungsgrundlage für die Entwicklung der Sicherheitsstrukturen für

Brandbekämpfung, Technische Hilfeleistung und Katastrophenschutz dar. Schutzziele können zwar grundsätzlich aus der politischen Willensbildung einer Kommune frei bestimmt werden, dennoch kann der Stand der Technik nicht außer Acht gelassen werden. Darüber hinaus kann die aufsichtführende Landesregierung bestimmte Grundvorgaben auf gesetzlicher Basis machen.

Aus dem Schutzziel heraus wird eine Soll-Struktur der Feuerwehr entwickelt, mit der das Schutzziel erreicht werden kann. Dazu gibt es Simulationsprogramme, die z. B. auf Basis der Einsätze vergangener Jahre die Einsatzsituation simulieren können und überprüfen, wie die gesetzten Schutzziele erreichbar sind.

In Kapitel 7 wird dann die entwickelte Soll-Struktur der Feuerwehr mit der vorhandenen Ist-Struktur verglichen und daraus in Kapitel 8 ein Maßnahmenplan entwickelt.

In Abhängigkeit von den Strukturen, die vor der Erstellung eines Brandschutzbedarfsplanes vorliegen, werden meist Nachbesserungen erforderlich oder die Schutzziele müssen im Rahmen der Erstellung des Brandschutzbedarfsplanes angepasst werden.

5 Grundlagen der Einsatztaktik

5.1 Verbrennen und Löschen

Jede Verbrennung benötigt folgende Voraussetzungen (Bild 14):
- brennbarer Stoff,
- ausreichend Sauerstoff,
- Mischungsverhältnis,
- Überschreiten der Zündtemperatur.

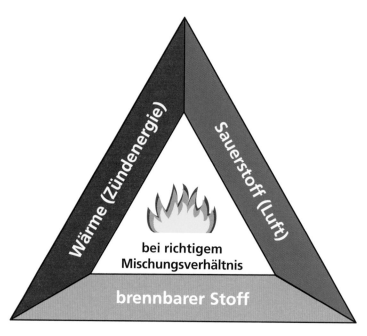

Bild 14 *Voraussetzungen einer Verbrennung – Verbrennungsdreieck (Grafik: Verlag W. Kohlhammer)*

Wenn eine dieser Voraussetzungen fehlt, kann es zu keiner Verbrennung kommen. Somit kann sich auch kein Schadenfeuer entwickeln.

Brennbare Stoffe im Bauwesen sind z. B. Holz, aber auch zahlreiche Kunststoffe wie z. B. Dämmstoffe aus Polystyrol oder aber auch viele Ausstattungsteile von Wohnungen wie Möbel und Einbauten. Wenn Gebäude ausschließlich aus nicht-

40

brennbaren Stoffen hergestellt wären und auch die Einbauten nur aus nichtbrenn-
baren Materialien bestehen würden, gäbe es keine Brände. Da dies insbesondere aus
Gründen der Nutzbarkeit und Behaglichkeit sehr unwahrscheinlich ist, kann man
davon ausgehen, dass es Schadenfeuer bei Vorliegen der anderen Voraussetzungen
eines Brandes immer geben wird.

Zum Überleben von Menschen und Tieren ist *ausreichend Sauerstoff* notwendig.
Dieser ist in der normalen Umgebungsluft mit einem Anteil von rund 21 Prozent
vorhanden. Damit eine Verbrennung überhaupt stattfinden kann, muss der Sauer-
stoffanteil in der Luft mindestens 15 Vol.-% betragen. Wird dieser Anteil unter-
schritten, so kann sich keine Verbrennung entwickeln. Dieses Prinzip macht man sich
z. B. in Serverräumen von Rechenzentren zunutze, die sehr selten von Menschen
betreten werden müssen. Durch konstante Zumischung von Stickstoff in der
Atmosphäre wird der Sauerstoffgehalt künstlich unter 15 Prozent gehalten, sodass
keinerlei Verbrennung entstehen kann. In diesen Räumen können sich dauerhaft
keine Menschen aufhalten. Dort, wo sich dauerhaft Menschen aufhalten, muss
ausreichend Sauerstoff vorhanden sein. Und dieser Sauerstoff ist auch ausreichend
für die Verbrennung bei einem Schadenfeuer.

Tabelle 2   *Beispiele für sicherheitstechnische Kennzahlen verschiedener Stoffe*

Stoff	Flamm-punkt [°C]	Zünd-punkt [°C]	UEG [Vol.-%]	OEG [Vol.-%]	Dichtever-hältnis (Luft = 1)	Verduns-tungszahl (Ether = 1)	Diffu-sions-koeffi-zient [cm²/s]
Benzol	-11	555	1	8	2,70	3,0	0,089
Ethylether	-40	170 bis 210	1	48	2,55	1,0	0,09
Methanol	11	455	5,5	26,5	1,1	6,3	0,153
Toluol	4,4	480	1	7	3,2	6,1	0,082
Xylol	17,2	465	1	8	3,7	13,5	0,07

5

Ein Stoff brennt aber nur, wenn er in einem bestimmten *Mischungsverhältnis* mit
Sauerstoff oder in einem geeigneten Verhältnis von Oberfläche zu Volumen vorliegt.
Das einfachste Beispiel hierfür ist ein dicker Holzbalken. Er wird, egal wie trocken er
auch ist, nicht mit einem Streichholz zu entzünden sein. Wenn der gleiche Holzbalken
in feine Sägespäne aufbereitet wird, kann man diese sehr leicht mit einem Streichholz

Bild 15   *Wasser wirkt als Löschmittel besonders gut bei feinem Sprühbild. (Foto: Jochen Thorns)*

entzünden. Das liegt daran, dass die einzelnen Teile der Sägespäne von ausreichend Sauerstoff umgeben sind und wegen ihres geringen Volumens sehr leicht durchwärmt werden können. Analoge Denkweisen gelten für brennbare Flüssigkeiten/ Dämpfe und Gase.

Jeder brennbare Stoff hat zudem eine spezifische *Zündtemperatur*. Dies ist die niedrigste Temperatur, die zum Entzünden eines Stoffes ausreicht.

In der Tabelle 2 sind einige Beispiele für sicherheitstechnische Kennzahlen verschiedener Stoffe enthalten.

Wie funktioniert nun das Löschen? Löschen erfolgt, indem man eine der Voraussetzungen der Verbrennung stört. Am einfachsten ist dies bei den Faktoren »Zündtemperatur« und »Sauerstoff«.

Die gängige Löschmethode beim Löschen brennbarer fester Stoffe ist die Anwendung von Wasser. Der Hauptlöscheffekt von Wasser liegt in der Kühlung des Brandgutes. Wird das Brandgut unter die Zündtemperatur gekühlt, dann wird auch die Fortführung des Verbrennungsprozesses gestoppt. Das verdampfende

Bild 16   *Einsatz von Löschschaum bei der Brandbekämpfung (Foto: Berliner Feuerwehr)*

Wasser entzieht dem Brandgut die Wärme. Besonders günstig wirkt sich dabei aus, dass insbesondere für die Verdampfung von Wasser eine deutlich höhere Wärmemenge benötigt wird als für die Erwärmung unterhalb 100 °C. Eine Verdampfung erfolgt umso leichter, je kleiner die Tropfen des Wassers sind, das auf das Brandgut auftrifft (Bild 15). Optimales Löschen ist die vollständige Umsetzung von allem Löschwasser in Wasserdampf und damit die Vermeidung von jeglichem Löschwasserschaden.

Die andere Löschmethode ist das Trennen des Brandgutes vom Sauerstoff. Wenn an den Brand kein Sauerstoff mehr kommen kann, wird ebenfalls eine Voraussetzung der Verbrennung gestört und der Prozess wird unterbrochen. Bei einem kleinen Brand geht das ganz einfach durch das Abdecken mit einer (möglichst feuchten) Decke. Eine Methode der Feuerwehr ist z. B. das Aufbringen einer Schaumdecke auf einen Flüssigkeitsbrand. Schaum kann nach neuesten Erkenntnissen aber auch für das Löschen von Feststoffbränden erfolgreich angewendet werden (Bild 16).

5

43

5.2   Löschwasserversorgung

Eine ausreichende Löschwasserversorgung hat insbesondere bei Großbränden entscheidenden Einfluss auf den Einsatzerfolg. Im Feuerwehrwesen wird die abhängige und die unabhängige Löschwasserversorgung unterschieden. Die abhängige Löschwasserversorgung basiert auf dem Rohrleitungsnetz der Trinkwasserversorgung und den zugehörigen Entnahmestellen für die Feuerwehr, den Hydranten (Bild 17).

Bild 17   *Hydrant mit Standrohr zur Entnahme von Wasser aus der abhängigen Löschwasserversorgung (Foto: Rüdiger Weich)*

Die unabhängige Löschwasserversorgung besteht aus erschöpflichen und unerschöpflichen Löschwasserentnahmestellen. Erschöpfliche Löschwasserentnahmestellen sind z. B. Löschwasserteiche, die immer nur eine begrenzte Größe aufweisen (Bild 18). Unerschöpfliche Löschwasserentnahmestellen sind Flüsse und Seen, die ausreichend viel Wasser führen.

Bild 18   *Löschwasserteich mit Entnahmestelle (Foto: Jochen Thorns)*

Im Rahmen der staatlichen Daseinsfürsorge wird im Baurecht zwischen dem Grundschutz und dem Objektschutz unterschieden. Die Richtwerte für den Grundschutz von Wohngebieten werden durch das Merkblatt W 405 des DVGW (Deutscher Verein des Gas- und Wasserfaches e. V.) als gültige Technische Regel festgelegt. Sie sind in der Tabelle 3 dargestellt.

Die Wasserbedarfswerte für den Objektschutz (z. B. bei großen Industrieanlagen) werden durch Abschätzung der erforderlichen Anzahl von Strahlrohren bei einem größten anzunehmenden Brand unter Berücksichtigung der vorhandenen Brandabschnitte oder durch den Wasserbedarf von eingebauten Löschanlagen bestimmt. Es gibt auch rechnerische Methoden auf Basis der Brandlast und der Brandausbreitungsgeschwindigkeit, die sich aber nicht flächendeckend durchgesetzt haben.

Für die Löschwasserversorgung sind nach allen Feuerwehrgesetzen der Länder die Gemeinden zuständig. Sie wird meistens vertraglich mit dem Lieferanten des Trinkwassers durch die Gemeinden vereinbart.

Tabelle 3   *Richtwerte für den Löschwasserbedarf gemäß DVGW-Merkblatt W 405:2008*

Bauliche Nutzung nach Paragraf 17 der Baunutzungsverordnung	reine Wohngebiete, allgemeine Wohngebiete, besondere Wohngebiete, Dorfgebiete[a], Mischgebiete	Gewerbegebiete		Industriegebiet
			Kerngebiete	
Zahl der Vollgeschosse (N)	≤ 3 > 3	≤ 3	1 > 1	-
Geschossflächenzahl[b] (GFZ)	0,3 ≤ GFZ ≤ 0,7 0,7 < GFZ ≤ 1,2	0,3 ≤ GFZ ≤ 0,7	0,7 < GFZ ≤ 1,0 1 < GFZ ≤ 2,4	-
Baumassenzahl[c] (BMZ)	-	-	- -	≤ 9
Löschwasserbedarf bei unterschiedlicher Gefahr der Brandausbreitung[e]				
klein*	48 m³/h (800 l/min) 96 m³/h (1600 l/min)	48 m³/h (800 l/min)	96 m³/h (1600 l/min) 96 m³/h (1600 l/min)	96 m³/h (1600 l/min)
mittel**	96 m³/h (1600 l/min) 96 m³/h (1600 l/min)	96 m³/h (1600 l/min)	96 m³/h (1600 l/min) 192 m³/h (3200 l/min)	192 m³/h (3200 l/min)
groß***	96 m³/h (1600 l/min) 192 m³/h (3200 l/min)	96 m³/h (1600 l/min)	192 m³/h (3200 l/min) 192 m³/h (3200 l/min)	192 m³/h (3200 l/min)

Überwiegende Bauart: * feuerbeständige[e], hochfeuerhemmende oder feuerhemmende Umfassungen, harte Bedachung; ** Umfassungen nicht feuerbeständig oder nicht feuerhemmend, harte Bedachung oder Umfassung feuerbeständig oder feuerhemmend, weiche Bedachung; *** Umfassungen nicht feuerbeständig oder nicht feuerhemmend; weiche Bedachung, Umfassung aus Holzfachwerk (ausgemauert). Stark behinderte Zugänglichkeit, Häufung von Feuerbrücken usw.
[a] soweit nicht unter kleinen ländlichen Ansiedlungen fallend
[b] Geschossflächenzahl = Verhältnis von Geschossfläche zu Grundstücksfläche
[c] Baumassenzahl = Verhältnis vom gesamten umbauten Raum zu Grundstücksfläche
[d] Die Begriffe »feuerhemmend«, »hochfeuerhemmend« und »feuerbeständig« sowie »harte Bedachung« und »weiche Bedachung« sind baurechtlicher Art.
[e] Begriff nach DIN 14011 Teil 2: »Brandausbreitung ist die räumliche Ausdehnung eines Brandes über die Brandausbruchstelle hinaus in Abhängigkeit von der Zeit.« Die Gefahr der Brandausbreitung wird umso größer, je brandempfindlicher sich die überwiegende Bauart eines Löschbereichs erweist.

In den vergangenen Jahren tauchten bei der Bereitstellung von Löschwasser insbesondere in Neubaugebieten immer wieder erhebliche Probleme auf. Durch die hohen Anforderungen an die Trinkwasserqualität sind die Wasserbetriebe bestrebt, den Leitungsquerschnitt nur noch auf den Trinkwasserbedarf zu dimensionieren. Insbesondere in Wohngebieten mit vielen Einfamilienhäusern und damit wenigen Abnehmern liegt der Trinkwasserbedarf deutlich unter den Richtwerten für die Löschwasserversorgung. Dies führt zunehmend zu Konflikten mit Feuerwehren, aber auch mit Versicherungsunternehmen, wenn nicht mehr ausreichend Löschwasser in neuen Wohngebieten bereitgestellt werden kann. Im ungünstigsten Fall muss sich die Feuerwehr darauf einstellen, entweder aus weiter entfernten Sammelleitungen das Wasser herbeizuführen oder aber mit Tanklöschfahrzeugen erheblich größere Wassermengen als heute üblich mitzuführen.

5.3   Taktik im Brandbekämpfungseinsatz

5.3.1 Prinzipielle Erläuterungen

Ziel dieses Kapitels ist es, dem Nichtfachmann einen Einblick in die Vorgehensweise der Feuerwehr, aber auch die Anforderungen an die Feuerwehrleute in den einzelnen Aufgabenbereichen eines Brandbekämpfungseinsatzes zu geben. An dieser Stelle ist es allerdings nicht möglich, die vollständige Taktik der Feuerwehr für die Brandbekämpfung abzubilden. Dies füllt eigene Bücher.

Die Grundzüge der Einsatztaktik sind in Feuerwehr-Dienstvorschriften (FwDV) geregelt. Sie stellen, unabhängig vom einzelnen Ereignis, die Aufgaben der einzelnen Kräfte innerhalb definierter Einheiten (Trupp, Staffel, Gruppe, Zug, Verband) dar. Derzeit gibt es folgende Feuerwehr-Dienstvorschriften, die vom Ausschuss Feuerwehrangelegenheiten, Katastrophenschutz und zivile Verteidigung (AFKzV) des AK V der Innenministerkonferenz genehmigt und den Bundesländern zur Einführung empfohlen sind:

- FwDV 1 »Grundtätigkeiten – Lösch- und Hilfeleistungseinsatz«,
- FwDV 2 »Ausbildung der Freiwilligen Feuerwehren«,
- FwDV 3 »Einheiten im Lösch- und Hilfeleistungseinsatz«,
- FwDV 7 »Atemschutz«,
- FwDV 8 »Tauchen«,
- FwDV 10 »Die tragbaren Leitern«,
- FwDV 100 »Führung und Leitung im Einsatz – Führungssystem«,
- FwDV 500 »Einheiten im ABC-Einsatz«.

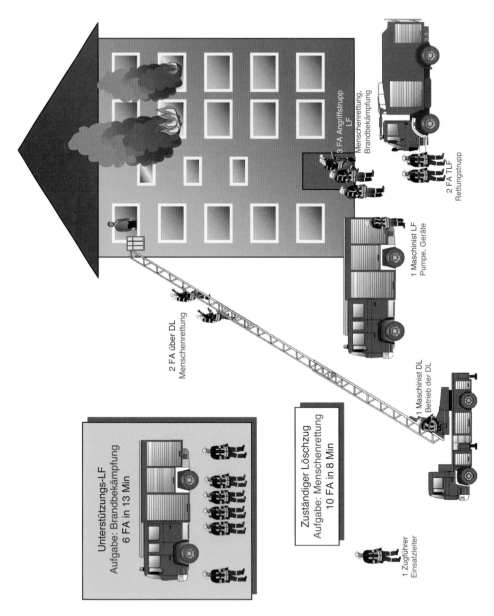

Bild 19   *Wohnungsbrand in einem viergeschossigen Wohnhaus mit einer möglichen Verteilung der 16 Funktionen (Grafik: Verlag W. Kohlhammer nach Vorlage Dr. Volker Ruster)*

Die Feuerwehr-Dienstvorschriften sind sehr umfangreich und stellen den Stand des Wissens dar, wie im Feuerwehreinsatz grundsätzlich vorgegangen werden soll. Sie lassen aber ausreichend Spielraum für eigenständige, der Lage angepasste Entscheidungen. Die Feuerwehr-Dienstvorschriften beschreiben die Aufgaben des Einheitsführers und die Aufgaben der Mannschaft, welche die Brandbekämpfung im Einzelnen durchführt. Diese Beschreibung bezieht sich aber nur auf die Arbeitsteilung der Einheiten Staffel (Stärke 1/5/6) und Gruppe (Stärke 1/8/9). Es werden keine Hinweise für das Zusammenwirken von mehreren Einheiten bei speziellen Einsätzen (z. B. Brände verschiedener Größenordnung, Verkehrsunfälle, Gefahrstoffeinsätze usw.) gegeben.

Zur Unterstützung der Einsatzkräfte werden für bestimmte Einzelereignisse Standard-Einsatz-Regeln (SER) aufgestellt. SER sind ortspezifische Regelungen. Sie geben, bezogen auf das spezielle Ereignis, für alle alarmierten Einheiten Handlungsanweisungen, wie abgestimmt zwischen den einzelnen Fahrzeugbesatzungen vorgegangen werden soll.

Zusätzlich sind für das sichere Handeln die Unfallverhütungsvorschriften (UVV bzw. DGUV-Vorschriften), die von den Trägern der gesetzlichen Unfallversicherung erlassen werden, zu beachten. Der Sicherheit der Einsatzkräfte ist grundsätzlich die größtmögliche Aufmerksamkeit zu widmen.

Zur Verdeutlichung der einzelnen Aufgaben der Einsatzkräfte soll an dieser Stelle die taktische Vorgehensweise beim »kritischen Wohnungsbrand« aus der Schutzzieldefinition der AGBF beschrieben werden (Bild 19). Der kritische Wohnungsbrand ist ein Brandereignis in einem Obergeschoss eines mehrgeschossigen Wohngebäudes mit einem verrauchten Rettungsweg (Treppenhaus). Dabei wird berücksichtigt, dass die ersten zehn Funktionen (Einsatzkräfte) innerhalb der Hilfsfrist von 9,5 Minuten am Einsatzort eintreffen. Weitere sechs Einsatzkräfte folgen nach weiteren 4,5 Minuten. Hinsichtlich der fahrzeugtechnischen Ausstattung wird bei der Hilfsfrist 1 von einem Löschfahrzeug mit Staffelbesatzung, einer Drehleiter und einem Einsatzleiter mit Führungsassistent ausgegangen. Im Rahmen der Hilfsfrist 2 folgt eine weitere Staffel mit sechs Einsatzkräften.

Hinsichtlich der hier beschriebenen taktischen Vorgehensweise betont der Verfasser, dass sie zwar den allgemeinen Einsatzgrundsätzen der Feuerwehr-Dienstvorschriften entspricht, sich im individuellen Ansatz aber auch immer wieder andere Lösungen ergeben können. Der Schwerpunkt dieses Kapitels liegt mehr darauf, dem Außenstehenden die Arbeitsweise der Feuerwehr und der einzelnen Funktionen darzustellen, als die taktisch perfekteste Lösung zu finden.

5

5.3.2 Aufgaben der einzelnen Funktionen

Aufgaben und Maßnahmen des Einsatzleiters

Der Einsatzleiter ist, wie das Wort bereits sagt, für die Führung der Feuerwehrkräfte verantwortlich. Zu seiner Unterstützung hat er einen Führungsassistenten, der ihm Routineaufgaben wie die Funkkommunikation, aber auch das Fahren und ggf. die Nachrichtenübermittlung an Einsatzkräfte abnimmt. In der Vergangenheit hat es mehrfach Versuche gegeben, die Funktion des Einsatzleiters mit der Funktion eines Fahrzeugführers zu kombinieren (z. B. des Staffelführers des zuerst eintreffenden Löschfahrzeuges). Es hat sich aber herausgestellt, dass die Funktion zur Leitung des Einsatzes so wichtig ist, dass sie nicht einsparbar ist. Im Gegenteil – für die geforderte hochqualitative Leitung ist auch noch ein Führungsassistent erforderlich.

Die Methode der Führung wird als Führungsvorgang bezeichnet. Der Führungsvorgang für Einsatzleiter ist geprägt vom Regelkreis nach der Feuerwehr-Dienstvorschrift 100 (Bild 20). Dieser besteht aus den drei Grundkomponenten »Lagefeststellung«, »Planung« und »Befehlsgebung«. Innerhalb dieser Komponenten wird bei der Lagefeststellung die Erkundung und Kontrolle der Maßnahmen betrachtet und bei der Planung zuerst die Beurteilung (der Lage) und dann der Entschluss zu einer Maßnahme gesehen. Nach diesem Regelkreis gehen die Einheitsführer im Feuerwehreinsatz vor.

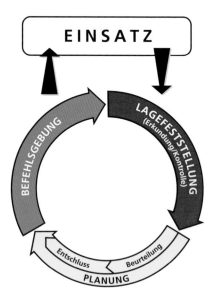

Bild 20 *Führungsvorgang nach FwDV 100 (Grafik: Verlag W. Kohlhammer)*

Der Regelkreis wird im Rahmen eines Einsatzes mehrmals durchschritten bis die Einsatzaufgabe vollständig gelöst und die Mannschaft wieder einsatzbereit ist.

Nach der Alarmierung von Einsatzkräften zu einem Brandereignis trifft der Einsatzleiter mit seiner Mannschaft am Brandort ein. Sollte der Einsatzleiter mit seinem Führungsgehilfen nicht gleichzeitig mit dem ersten Fahrzeug eintreffen, übernimmt der Fahrzeugführer des ersteintreffenden Fahrzeuges die Leitungsverantwortung bis der nächsthöhere Einsatzleiter eintrifft. In diesem Beispiel wird vom gleichzeitigen Eintreffen von Löschfahrzeug, Drehleiter und Einsatzleiter ausgegangen.

Bis zum Eintreffen weiß der Einsatzleiter nur, dass er zu einem Brandereignis in einer bestimmten Straße alarmiert wurde. Vielleicht hat er von der Leitstelle aufgrund der Einsatzvorbereitung erste Informationen zu dem brennenden Objekt und ggf. zum Umfang des Brandes bekommen. Das könnte z. B. die Geschosszahl sein, die Art der Bebauung (freistehend oder geschlossene Bebauung) oder die Nutzung (Wohngebäude, Bürogebäude, Gewerbegebäude …). Wenn es sich um ein komplexeres Gebäude handelt, liegt vielleicht ein Feuerwehrplan vor, in dem die wichtigsten Informationen wie Zugänglichkeit, Nutzung, Geschosszahl und Löschwasserversorgung enthalten sind. Im Falle eines normalen Wohnungsbrandes gibt es allerdings keinen Feuerwehrplan.

Die wichtigste Maßnahme des Einsatzleiters nachdem er sein Fahrzeug verlassen hat, ist die Erkundung. Wenn der erste Blick beim Eintreffen bereits erkennen lässt, dass eine Brandbekämpfung und Menschenrettung notwendig ist, kann der Einsatzleiter seiner Mannschaft einen ersten Einsatzbefehl geben. Reicht sein erster Eindruck nicht aus, gibt er einen Befehl zur Bereitstellung.

Das bedeutet, dass die Mannschaft (bis weitere Erkundungsergebnisse vorliegen) alle Vorbereitungen für eine Brandbekämpfung und Menschenrettung, z. B. bis zur Eingangstür, trifft. Beispielsweise stellt sich der Angriffstrupp aus der ersten Staffel mit der notwendigen Ausrüstung und angeschlossenen Atemschutzgeräten am Eingang bereit. Der Wassertrupp und der Maschinist stellen gleichzeitig die Wasserversorgung für die Brandbekämpfung her. Das kann aber auch bedeuten, dass bei einer erforderlichen Menschenrettung über Leitern der Feuerwehr alle Vorbereitungen zur Rettung über die Drehleiter bzw. über tragbare Leitern getroffen werden. Das heißt, dass entweder die Drehleiter entsprechend in Stellung gebracht wird oder dass tragbare Leitern vom Löschfahrzeug genommen werden und die Aufstellung vorbereitet wird.

Der Einsatzleiter muss grundsätzlich zuerst erkunden, was wirklich wo passiert ist (Bild 21). Nicht immer sind wie z. B. bei einem offenen Dachstuhlbrand die Flammen klar erkennbar. Bei unklarer Lage stellt sich der Einsatzleiter zuerst die Frage, ob noch

5

Menschen in dem vom Brand betroffenen Gebäude gefährdet sind. Dabei spielt es eine entscheidende Rolle, wie er die Ausbreitungsgeschwindigkeit von Feuer und Rauch in diesem Fall einschätzt. Diese Einschätzung zieht er zum einen aus seinem Wissen über das Verhalten von Baustoffen und Bauteilen in den verschiedenen Bereichen eines Gebäudes unter Brandbeanspruchung. Zum anderen aber auch aus Informationen, die er von anwesenden Personen (z. B. Hausbewohner) bekommt. Der Einsatzleiter sucht daher möglichst gezielt nach der Person, die die Feuerwehr alarmiert hat, da er davon ausgehen kann, dass sie ihm bestimmte Beobachtungen aus dem Verlauf vor seinem Eintreffen mitteilen kann. Hat sich der Brand z. B. erst langsam entwickelt oder gab es eine Explosion? Befinden sich noch Menschen im Gebäude?

Bild 21   *Die sachgerechte Erkundung stellt eine wesentliche Voraussetzung für den Einsatzerfolg dar. Für den ersten Eindruck reicht oft eine Frontansicht. (Foto: Feuerwehr Stuttgart)*

Nach der ersten (vorläufigen) Erkundung stellt sich dem Einsatzleiter die Frage, ob die Kräfte für die Bewältigung des Ereignisses nach derzeitigem Kenntnisstand ausreichen. Dabei berücksichtigt er beispielsweise, dass nach der Alarm- und Ausrückeordnung in Kürze noch weitere Kräfte (z. B. sechs Funktionen entsprechend der Hilfsfrist 2) eintreffen werden. Reichen die Kräfte dennoch nicht aus, muss er durch Nachalarmierung zusätzliche Kräfte anfordern. Wenn der Einsatzleiter hingegen davon ausgeht, dass seine Kräfte zusammen mit den noch zu erwartenden Kräften ausreichen werden, muss er entscheiden, welche Gefahr er zuerst bekämpft.

Bei einem Wohnungsbrand ist in der Regel mit mehreren Gefahren zu rechnen:

- Es können noch Menschen in dem Gebäude gefährdet sein. Diese können sich entweder aktiv an einem Fenster zeigen oder sie sind nicht sichtbar und infolge des Brandes möglicherweise verletzt.
- Das Feuer kann sich, wenn es nicht bekämpft wird, in horizontaler und vertikaler Richtung weiter ausbreiten.
- Eventuell gibt es noch unbekannte Gefahren durch elektrische Leitungen oder die im Haus befindliche Gasversorgung.

Im Fall sichtbarer Menschen am Fenster einer Brandwohnung oder benachbarter oder darüber liegender Wohnungen erkennt der Einsatzleiter beim Eintreffen sofort, dass seine Kräfte nicht ausreichend sind und alarmiert mit dem Stichwort »Menschenrettung« das nach der AAO vorgesehene Kräftekontingent. Dieses Kräftekontingent ist im Rahmen der Einsatzvorbereitung festgelegt worden und orientiert sich nach den örtlichen Möglichkeiten. Es ist aber auf jeden Fall für eine größere Einsatzlage ausgelegt. Die Vorfestlegung befreit den Einsatzleiter von einer genauen Definition seiner Nachalarmierung und ermöglicht ihm die Konzentration auf die Bewältigung der Lage. Er muss dann entscheiden, wie er die Menschenrettung einleitet. Reichen die mitgeführten Leitern von der Höhe und der Aufstellmöglichkeit aus, um die Menschenrettung durchführen zu können? Erreicht die Drehleiter von der Straße oder der Feuerwehrzufahrt aus den Rettungsort oder kann z. B. in einem Hinterhof nur mit tragbaren Leitern gearbeitet werden? Muss ein Sprungpolster eingesetzt werden, weil höchste Eile geboten ist und bedrohte Menschen jederzeit springen können? Wie viele Menschen müssen gerettet werden? Sind die Personen wirklich bedroht oder fühlen sie sich nur vom Feuer bedroht? Welche Menschen müssen zuerst gerettet werden, wenn mehrere bedroht sind? Was kann mit der eigenen Mannschaft erreicht werden? Wann kann mit Verstärkung gerechnet werden, die bei der Rettung unterstützt? Was passiert inzwischen mit dem Brand – breitet er sich weiter unkontrolliert aus oder hat er bereits das größte anzunehmende Ausmaß erreicht? Alle diese Fragen müssen in kürzester Zeit so beantwortet werden, dass der

5

Bild 22   *Sprungpolster zur Menschenrettung in Bereitstellung (Foto: Berliner Feuerwehr)*

Einsatzleiter planen kann, wie er mit den ersten beschränkten Mitteln die Lage solange stabilisieren kann bis Verstärkung eintrifft.

Nach dem Grundsatz, dass die Menschenrettung vor allen anderen Maßnahmen erfolgt, kann es notwendig sein, dass der Einsatzleiter seine Kräfte mit tragbaren Leitern zur Menschenrettung einsetzt und ggf. zusätzlich ein Sprungpolster in Stellung bringen lässt (Bild 22). Dieses muss zwar von zwei Personen zum Gebäude transportiert werden, kann aber danach von nur einem Feuerwehrangehörigen in Stellung gebracht werden und ist nach 60 Sekunden einsatzbereit.

Wenn der Einsatzleiter sein ganzes Personal für die Menschenrettung einsetzt, besteht die Gefahr, dass sich das Feuer ohne Brandbekämpfung weiter ausbreiten kann.

Es kann aber auch sein, dass der Einsatzleiter feststellt, dass die Menschen am Fenster zwar einen gefährdeten Eindruck machen, aber aus seiner fachlichen Sicht nicht akut von Feuer und Rauch bedroht sind. Hier könnte es eine Alternative sein, einen schnellen Löschangriff vorzutragen, um die Bedrohung der Menschen durch das Feuer zu beenden. Gegebenenfalls werden die Personen über sichere Treppenräume z. B. mit Hilfe von Fluchthauben ins Freie gebracht. In einem solchen Fall muss der Einsatzleiter von unten versuchen, die Personen z. B. mit einem Megafon zu beruhigen und ihnen Hilfe zusichern.

Welche Lösung die richtige ist, wird oft erst im Nachhinein erkennbar. Dennoch muss sich der Einsatzleiter sofort für eine bestimmte Vorgehensweise entscheiden, eine abwartende Haltung ist im Einsatz nicht möglich.

Nach dem Entschluss, welche Gefahr zuerst bekämpft werden muss, gibt der Einsatzleiter den Einsatzkräften den Einsatzbefehl und informiert sie ggf. über Sachverhalte, die er im Rahmen der ersten Erkundung bereits erkannt hat. Dabei sind insbesondere Informationen über zu erwartende Gefahren von Bedeutung. Ggf. gibt er den weiteren Mannschaftsmitgliedern noch gezielte Aufträge. Tut er das nicht, so handeln die Trupps nach den Vorgaben der Feuerwehr-Dienstvorschriften, die für diesen Fall die Handlungen festlegen (z. B. Wassertrupp stellt die Wasserversorgung her).

Nach der Befehlserteilung geht der Einsatzleiter wieder in die Erkundungsphase über und versucht weitere Informationen über den Brandverlauf und die Konstruktion des Gebäudes zu erhalten. Dies kann dazu führen, dass er einen weiteren Trupp zur Erkundung der Lage im Inneren des Gebäudes einsetzt. Dieser zweite Trupp kann entweder noch aus der ersten Staffel kommen oder aus der nachrückenden zweiten Staffel. Schickt der Einsatzleiter Einsatzkräfte unter umluftunabhängigem Atemschutz in ein brennendes Gebäude, so ist es nach FwDV 7 »Atemschutz« zwingend erforderlich, dass ein Sicherheitstrupp für den Fall bereitsteht, dass der vorgehende Trupp in Not gerät. Nachdem alle Kräfte mit Aufträgen versehen sind, beobachtet der Einsatzleiter von außen, ob bereits ein Erfolg bei der Brandbekämpfung erkennbar ist (Kontrolle).

Ein weiteres Problem kann sich durch die notwendige Versorgung und vorübergehende Unterbringung von betroffenen Personen aus dem Brandgebäude ergeben. Man stelle sich vor, dass Menschen mitten in einer kalten Winternacht vom Brand überrascht wurden und jetzt spärlich bekleidet in der Kälte frieren. Hier ist – zusammen mit Polizei- oder Rettungsdienstkräften – eine rasche Lösung zu finden.

Nachdem der Einsatzleiter von seinen im Brandgebäude tätigen Einsatzkräften die Information erhalten hat, dass das Feuer gelöscht ist und keine weiteren Personen vom Brand betroffen sind, wird er sich, wenn die rauchfreie Zugänglichkeit im Brandgebäude hergestellt ist, ein eigenes Bild von der Lage machen und anschließend eine vollständige Lagemeldung an die Leitstelle geben (lassen). Wenn die Situation es erlaubt, kann er mitteilen, dass die Einsatzstelle unter Kontrolle ist und

5

nach Aufräumungsarbeiten in einer bestimmten Zeit wieder mit der Einsatzbereitschaft der Einheit zu rechnen ist.

Bevor der Einsatzleiter die Einsatzstelle verlässt, wird er noch einmal selbst erkunden, ob wirklich keine versteckten Brandnester mehr vorhanden sind oder das Feuer unerkannte Weiterleitungswege genommen hat.

Der Staffelführer

Der Staffelführer ist verantwortlich für den sachgerechten Einsatz seiner Mannschaft und des Gerätes. Das Löschfahrzeug ist die materielle Kerneinheit, welche die Gerätetechnik für den Einsatz bereitstellt. Die beiden Trupps der Staffel stellen die Kerntruppe dar, die sich um die Brandbekämpfung kümmert. Der Staffelführer übernimmt auch die Vertretung des Einsatzleiters, wenn er z. B. hinter dem Gebäude eine Erkundung vornimmt. Alternativ kann er auch für den Einsatzleiter Erkundungen im Umfeld vornehmen. Der Staffelführer trägt die Verantwortung für das richtige Vorgehen seiner Trupps und muss daher deren Einsatz überwachen.

Der Maschinist des Löschfahrzeuges

Der Maschinist fährt das Löschfahrzeug, bedient die fest eingebauten Aggregate wie z. B. die Feuerlöschkreiselpumpe, hält ggf. Kontakt zur Leitstelle und arbeitet nach weiterer Weisung des Staffelführers. Er unterstützt die Trupps bei der Entnahme von Geräten aus dem Löschfahrzeug und kann, soweit er in der Nähe des Fahrzeuges bleibt, auch bei der Herstellung der Wasserversorgung unterstützen.

Der Angriffstrupp

Als Angriffstrupp werden die beiden Feuerwehrangehörigen bezeichnet, die als erste direkt gegen das Feuer vorgehen. Generell gehen Feuerwehrleute immer truppweise vor. Viele Tätigkeiten verlangen zwei Feuerwehrangehörige (z. B. das Ziehen eines Schlauches im Treppenhaus), sie sind aber auch aus Sicherheitsgründen erforderlich. Bei besonders schwierigen Einsatzsituationen kann es auch notwendig sein, dass der Angriffstrupp aus drei oder gar mehr Personen besteht. Dies ist z. B. erforderlich, wenn ein Löschangriff in einem Tunnel mit einem sehr langen Anmarschweg aufgebaut werden muss.

In modernen Löschfahrzeugen rüstet sich der Angriffstrupp bereits während der Fahrt zur Einsatzstelle mit umluftunabhängigen Atemschutzgeräten aus. Diese haben einen Atemluftvorrat, der im Normalfall etwa 20 bis 30 Minuten Arbeit in verrauchter Atmosphäre zulässt. Zudem führt der Atemschutztrupp wichtige Geräte wie Brechwerkzeug, Feuerwehrleine und Funkgerät mit.

Nach dem Eintreffen an der Einsatzstelle wartet der Angriffstrupp auf den Einsatz-
befehl des Staffelführers. Sollte der Einsatzleiter »Einsatz zur Brandbekämpfung in
Bereitstellung« anweisen, begibt er sich zum Gebäudeeingang und schließt das
Atemschutzgerät an die Atemschutzmaske an. Soweit möglich, erkundet er den
Zugang und schätzt ab, wieviel Schlauchvorrat benötigt wird.

   Nachdem der Staffelführer die Lage soweit wie nötig erkundet hat und der
Wassertrupp für den Angriffstrupp die Wasserversorgung hergestellt hat, geht der
Angriffstrupp in die Brandstelle vor (Bild 23). Mit dem Strahlrohr kann das Wasser
gezielt auf den Brandherd aufgebracht werden. Moderne Hohlstrahlrohre ermög-
lichen dabei die Kontrolle der Durchflussmenge und der Form des Strahles.

**Bild 23 Angriffs-
trupp beim Ein-
dringen in einen
Brandbereich
(Foto: Dr. Markus
Pulm)**

5

Im Innenangriff muss der Angriffstrupp beachten, dass er jederzeit von unvorher-
sehbaren Reaktionen des Feuers überrascht werden kann. Das kann z. B. bei

unvollständiger Verbrennung ein Flash-over (plötzliche, schlagartige Verbrennung von Gasen) nach Zutritt von Sauerstoff beim Öffnen der Tür sein. Daher gibt es spezielle Methoden, um diese Gefahr zu reduzieren. Bei Mehrfamilienhäusern sollte zudem vermieden werden, dass Rauch in den Treppenraum eindringt. Hier können z. B. mobile Rauchverschlüsse eingesetzt werden, die an der Tür der Brandwohnung angebracht werden und beim Betreten durch den Angriffstrupp das Ausströmen von Rauch verhindern.

Nach dem Eindringen in die Brandwohnung, was grundsätzlich nur mit Wasser am Strahlrohr erfolgt, ist zunächst eine möglichst schnelle Durchsuchung der nicht vom Brand betroffenen Räume erforderlich. Werden hierbei Personen gefunden, fordert der Angriffstrupp beim Staffelführer Verstärkung an und beginnt sofort mit lebensrettenden Maßnahmen. Dabei steht er immer wieder vor dem Problem, dass sich während dieser Zeit das Feuer weiter ausbreiten kann. Die Suche nach Personen in einem Brandgebäude verlangt daher schnellstens zusätzliches Personal, damit der Trupp nicht durch die weitere Ausbreitung des Feuers gefährdet wird. Parallel wird versucht, den Brand so schnell wie möglich mindestens an der Ausbreitung auf weitere Räume zu hindern. Nachdem das Feuer mit möglichst geringem Wasserschaden niedergekämpft ist, muss die Wohnung, sofern nicht schon die Fensterscheiben infolge des Brandes geplatzt sind, ausreichend belüftet und eine sorgfältige Nachlöschung des zerstörten Mobiliars durchgeführt werden.

Der Wassertrupp
Der Wassertrupp hat den Auftrag, für den ersten Angriffstrupp die Wasserversorgung herzustellen. Dabei wird er vom Maschinisten unterstützt. Die Wasserentnahme wird häufig zuerst auf der Basis des Löschwasserbehälters des Löschfahrzeuges sichergestellt. Damit ist in der Regel ein erster Angriff möglich. Parallel wird die Wasserversorgung über den nächsten Hydranten aufgebaut. Dies sollte zur Sicherheit auch bei kleineren Bränden erfolgen.

In städtischen Gebieten ist die Wasserversorgung über Hydranten im Allgemeinen problemlos möglich. Dazu wird oft eine fahrbare Schlauchhaspel verwendet, mit der die Schlauchleitung sehr schnell verlegt werden kann (Bild 24). Problematisch kann es werden, wenn der Hydrant nicht aufgefunden wird oder der Hydrantendeckel beschädigt ist. Die Sicherung des Hydrantennetzes ist daher – auch wenn es nicht brennt – eine wichtige einsatzvorbereitende Maßnahme.

Die Wasserversorgung zwischen der Wasserentnahmestelle und dem Verteiler wird mit B-Schläuchen, die einen genormten Durchmesser von 72 mm haben, hergestellt. Nach dem Verteiler werden meist C-Schläuche mit einem Durchmesser von 42 oder 52 mm verwendet. Hat der Wassertrupp die Wasserversorgung her-

Bild 24   *Hier stellt der Wassertrupp mit einer fahrbaren Schlauchhaspel die Wasserversorgung her. (Foto: Jochen Thorns)*

gestellt, steht er für weitere Aufgaben zur Verfügung. Dies kann die Unterstützung des Angriffstrupps sein (zweiter Angriffstrupp) oder auch die Durchführung weiterer Maßnahmen (z. B. Kontrolle der über dem Brandherd liegenden Geschosse und gleichzeitige Belüftung des Treppenraums).

Grundsätzlich gilt, dass sich jeder Trupp nach dem Abschluss der befohlenen Arbeiten beim Staffelführer bereit meldet. Dieser entscheidet dann, welche Aufgabe nach seiner taktischen Planung als nächste angegangen werden muss.

Der Sicherheitstrupp

Entsprechend der Feuerwehr-Dienstvorschrift 7 »Atemschutz« muss an Einsatzstellen, an denen Atemschutztrupps im Innenangriff eingesetzt werden, mindestens ein Sicherheitstrupp bereitstehen. Dieser muss in der Lage sein, bei einem Atemschutznotfall sofort eingreifen zu können. Der Sicherheitstrupp kann auch durch die Besatzung eines Truppfahrzeuges (z. B. Tanklöschfahrzeug oder Drehleiter) gestellt werden.

Bild 25 *Die Vornahme einer Schiebleiter ist personalintensiv und bindet vier Einsatzkräfte – ein Grund, warum eine weitere Staffel erforderlich sein kann. (Foto: Jochen Thorns)*

Weitere nachrückende Kräfte

Um einen »kritischen Wohnungsbrand« bekämpfen zu können, ist mindestens eine weitere Staffel erforderlich (Bild 25). Die zusätzlichen Einsatzkräfte müssen z. B. die unter Atemschutz vorgehenden Trupps als Sicherheitstrupp absichern. Außerdem muss man davon ausgehen, dass der als erstes eingesetzte Atemschutztrupp nicht die vollständige Ablöschung des Brandes vornehmen kann. Eventuell müssen unter Atemschutz noch brennende Gegenstände aus der Wohnung entfernt oder sogar Verkleidungen abgenommen werden, um zu prüfen, ob das Feuer z. B. unter einer Holzverkleidung weiterglimmt. Dazu sind weitere Trupps zur Ablösung erforderlich. Infolge der abgeschalteten Stromversorgung kann es auch erforderlich sein, dass eine Einsatzstellenbeleuchtung aufgebaut werden muss. Außerdem kann eine Unterstützung des Rettungsdienstes bei der Betreuung verletzter oder infolge des Brandes obdachlos gewordener Personen notwendig werden.

5.4 Einsatzführung bei mehreren Einheiten

Im vorangegangenen Kapitel wurden nur die Tätigkeiten bei einem »kritischen Wohnungsbrand« dargestellt. Sind mehr Kräfte als die 16 Funktionen erforderlich, um ein Schadenereignis wie einen Brand zu bewältigen, ist eine weitergehende Führungsorganisation erforderlich. Es kann sich z. B. um eine Situation handeln, bei der eine Wasserförderung über eine längere Wegstrecke aufgebaut werden muss oder bei der ein Brand von mehreren, räumlich getrennten Seiten bekämpft werden muss.

Daher ist das Führungssystem hierarchisch aufgebaut. Grundsätzlich geht man davon aus, dass eine Führungskraft maximal drei bis vier Einheiten sachgerecht führen kann. Werden es mehr Einheiten, so sind weitere Führungskräfte zu alarmieren und weitere Führungsebenen aufzubauen. Das bedeutet z. B., dass bei zwei Einheiten, die jeweils einen Einheitsführer haben, ein weiterer, übergeordneter Einsatzleiter notwendig ist. Sind mehrere dieser Abschnitte gebildet, muss ein Gesamteinsatzleiter bestellt werden (Bild 26).

5

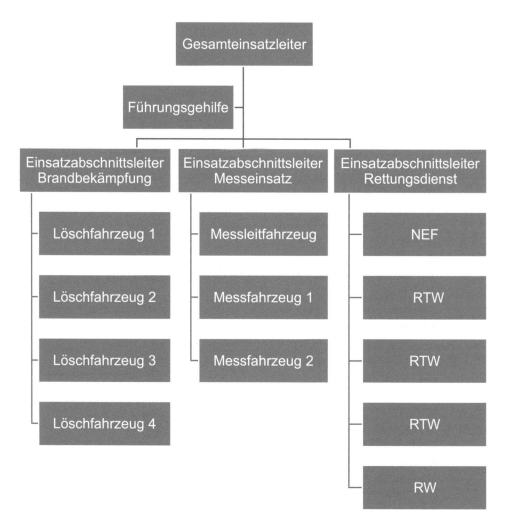

Bild 26 *Beispielhafter Aufbau der Führungsorganisation an einer Einsatzstelle mit mehreren Abschnitten*

6 Die Beteiligung der Feuerwehr beim Vorbeugenden Brandschutz

6.1 Grundlagen der Beteiligung

Die Maßnahmen im Vorbeugenden Brandschutz tragen entscheidend dazu bei, dass eine Brandbekämpfung erfolgreich sein kann. Hier ist die Mitwirkung der Feuerwehr zum einen gefragt, weil sie die unmittelbaren Erfahrungen über das Brandverhalten von Baustoffen und Bauteilen im Realbrand beitragen kann, zum anderen aber auch weiß, welche vorbereitenden Maßnahmen erforderlich sind, damit sie die Rettung von Menschen sowie eine wirkungsvolle Brandbekämpfung durchführen kann. Neben vielen anderen Festlegungen sind die Maßnahmen des Vorbeugenden Brandschutzes bei Gebäuden im Rahmen der jeweiligen Landesbauordnung (LBO) geregelt.

Jeder Bauherr ist verpflichtet, dafür Sorge zu tragen, dass sein Gebäude den Allgemeinen Anforderungen der jeweiligen Landesbauordnung entspricht. § 3 der Musterbauordnung (MBO) sagt aus:

§ 3 Allgemeine Anforderungen
(1) Anlagen sind so anzuordnen, zu errichten, zu ändern und instand zu halten, dass die öffentliche Sicherheit und Ordnung, insbesondere Leben, Gesundheit und die natürlichen Lebensgrundlagen, nicht gefährdet werden.

Unter diese grundsätzliche Anforderung fallen auch die Forderungen für eine sichere Auslegung gegen die Gefahren eines Brandes. Die Anforderungen des Brandschutzes werden in § 14 MBO präzisiert:

§ 14 Brandschutz
Bauliche Anlagen sind so anzuordnen, zu errichten, zu ändern und instand zu halten, dass der Entstehung eines Brandes und der Ausbreitung von Feuer und Rauch (Brandausbreitung) vorgebeugt wird und bei einem Brand die Rettung von Menschen und Tieren sowie wirksame Löscharbeiten möglich sind.

Aus diesem Paragrafen lassen sich folgende vier Schutzziele ableiten:
- Verhinderung der Entstehung eines Brandes,
- Verhinderung der Ausbreitung von Feuer und Rauch,

6

- Ermöglichung wirksamer Rettungsmaßnahmen,
- Ermöglichung wirksamer Löscharbeiten.

Ein Gebäude ist durch den Architekten so auszulegen, dass diese Schutzziele erfüllt werden können. Ist der beauftragte Architekt wegen der Komplexität des Gebäudes nicht dazu in der Lage, wird in der Regel ein Fachplaner für Brandschutz beauftragt, der das Brandschutzkonzept/den Brandschutznachweis für das Gebäude aufstellt. Der Fachplaner hat im Rahmen des Brandschutzkonzeptes dafür zu sorgen, dass die Schutzziele des Brandschutzes gemäß der gültigen LBO erfüllt werden.

Prüfung des Brandschutzkonzeptes/Brandschutznachweises
Grundsätzlich wird die Landesbauordnung von der zuständigen unteren Bauaufsichtsbehörde vollzogen. Damit die Erfüllung der gesetzlichen Regelungen überwacht werden kann, ist ein Bauantrag mit den zugehörigen Bauvorlagen erforderlich. Zu den Bauvorlagen gehören auch das Brandschutzkonzept bzw. der Brandschutznachweis. Die Baugenehmigung durch die jeweilige Bauaufsichtsbehörde erfolgt nach Prüfung der Bauvorlagen, ob sie den rechtlichen Anforderungen der jeweiligen Landesbauordnung entsprechen. Die Prüfung der Bauvorlagen wird nach der Liberalisierung des bauaufsichtlichen Verfahrens im Rahmen von Bauprüfverordnungen im Bereich Brandschutz auch durch staatlich geprüfte und bestellte Prüfingenieure vorgenommen. Die Regelungen in den einzelnen Bundesländern sind allerdings sehr verschieden. Fast alle Bundesländer haben in den Bauprüfverordnungen unter dem Paragrafen, in dem es um die Aufgaben des Prüfingenieurs für Brandschutz geht, festgelegt, dass die »... *Richtigkeit der Brandschutznachweise unter Beachtung der Leistungsfähigkeit der Feuerwehr zu prüfen ist und die für den Vorbeugenden Brandschutz zuständige Stelle zu beteiligen und deren Anforderungen bezüglich der Brandschutznachweise zu würdigen ist ...*«

Dazu sind Kenntnisse über die Leistungsfähigkeit der örtlichen Feuerwehr und deren Arbeitsweisen erforderlich.

Die »Leistungsfähigkeit der Feuerwehr« im Sinne des Vorbeugenden Brandschutzes bedeutet dabei zu prüfen, ob für die zu errichtende bauliche Anlage durch die örtliche Feuerwehr eine gesicherte Rettung von Menschen mit den vorhandenen Mitteln gewährleistet wird. Dazu ist zu klären, ob z. B. eine Vornahme von tragbaren Leitern oder auch das ggf. erforderliche Aufstellen und Inbetriebnehmen von Hubrettungsfahrzeugen möglich ist.

Die Leistungsfähigkeit im Rahmen des Vorbeugenden Brandschutzes ist daher durch den Prüfsachverständigen durch Anfrage der zuständigen Feuerwehr in Bezug auf das jeweilige Objekt zu ermitteln. Die Feuerwehr Frankfurt am Main hat dies als erste Feuerwehr systematisch in einem Merkblatt zusammengefasst und die Regelungen für diese Anfrage standardisiert. Diese Standardisierung betrifft hauptsächlich Gebäude der Gebäudeklassen 4 und 5 (Wohngebäude mit einer Fußbodenhöhe des höchstgelegenen Geschosses, in dem ein Aufenthaltsraum möglich ist, zwischen 7 und 22 m). Dabei werden drei Fälle unterschieden:

1. Der Brandschutznachweis sieht als zweiten Rettungsweg eine Rettung mittels vierteiliger Steckleiter vor.
2. Der Brandschutznachweis sieht als zweiten Rettungsweg eine Rettung mittels Hubrettungsfahrzeug der Feuerwehr vor.
3. Der Brandschutznachweis sieht keine Notwendigkeit für die Sicherung des zweiten Rettungsweges durch die Feuerwehr vor.

Im Fall 1 ist die Darstellung der anleiterbaren Stellen am Gebäude einschließlich der Höhe sowie ein Freiflächenplan zur Beurteilung der Aufstellmöglichkeit für tragbare Leitern beizufügen.

Im Fall 2 muss auch die Darstellung der anleiterbaren Flächen und die aktuelle Darstellung des öffentlichen Straßenraumes mit Vermessung oder ggf. die Maße von Zufahrten und Aufstellflächen im Rahmen eines Freiflächenplanes mitgeliefert werden.

Auf Basis der durch den Entwurfsverfasser vorzulegenden Daten kann die Feuerwehr dann sehr schnell prüfen, ob sie in der Lage ist, für das geplante Gebäude die Rettung von Menschen über Leitern der Feuerwehr zu gewährleisten und formuliert dies dann im Rahmen einer Stellungnahme.

6.2   Interessenslagen der Feuerwehren für die Erstellung von Gebäuden

Die Feuerwehren sind im hohen Masse daran interessiert, dass Gebäude so errichtet werden, dass sie im Brandfall eine wirksame Brandbekämpfung und Menschenrettung durchführen können. Dazu müssen die Gebäude den Schutzzielen des Brandschutzes der jeweiligen Landesbauordnung entsprechen. Damit dies gewährleistet ist, werden die Feuerwehren im Rahmen des Baugenehmigungsverfahrens von den Bauaufsichtsbehörden oder den Prüfingenieuren bei der Beurteilung der vorgelegten Brandschutznachweise, insbesondere bei Sonderbauten, beteiligt. Die Regelungen über den Umfang der Beteiligung sind in den Bundesländern verschieden. Weitgehend einheitlich erfolgt die Beteiligung der Brandschutzdienststellen bei Sonderbauten, in einigen Ländern werden sie aber auch schon bei

6

Gebäuden der Gebäudeklassen 4 und 5 beteiligt. Die Darstellung der einzelnen Regelungen würde den Rahmen dieses Werkes sprengen.

Wenn es um die Belange der örtlich zuständigen Feuerwehr geht, betrachten diese in der Regel folgende Punkte:

- Löschwasserversorgung,
- Einrichtungen zur Löschwasserförderung im Gebäude,
- Anlagen zur Rückhaltung von kontaminiertem Löschwasser,
- Zugänglichkeit der Grundstücke und baulichen Anlagen für die Feuerwehr,
- Anlagen, Einrichtungen und Geräte für die Brandbekämpfung,
- Anlagen und Einrichtungen für den Rauch- und Wärmeabzug,
- Anlagen und Einrichtungen für die Brandmeldung,
- Anlagen und Einrichtungen für die Alarmierung,
- betriebliche Maßnahmen zur Brandverhütung,
- betriebliche Maßnahmen zur Brandbekämpfung.

Bei Stellungnahmen zu Bauvorhaben betrachten die Feuerwehren insbesondere diese Punkte und äußern sich, ob sie den vorgelegten Lösungen des Brandschutzkonzepterstellers zustimmen oder ob sie bei der Verwirklichung Bedenken haben. Dies heißt aber nicht, dass die jeweilige Feuerwehr diese Forderungen für ein Brandschutzkonzept aufstellt. In einem guten Brandschutzkonzept müssen die oben genannten Punkte alle aufgeführt sein. Wird der Brandschutzdienststelle im Rahmen der Stellungnahme ein Brandschutzkonzept vorgelegt, so überprüft diese insbesondere, ob die Aussagen auch für die örtlichen Verhältnisse zutreffen oder ggf. Anpassungen notwendig sind.

6.3   Informationen für die Feuerwehr

6.3.1 Feuerwehrpläne

Wie bereits dargestellt, ist bei einem Brandeinsatz der Feuerwehr höchste Eile geboten. Um schnell reagieren zu können, müssen insbesondere Informationen über die Nutzung, die Größenordnung, die Zugänglichkeit sowie besondere Gefahrenquellen der betroffenen baulichen Anlage vorliegen. Bei Wohn- und kleineren Geschäftshäusern sind diese Informationen im Allgemeinen durch die Nutzer, durch Inaugenscheinnahme oder aber auch durch die allgemeine Erfahrung des Einsatzleiters leicht zu erhalten. Bei komplexeren Objekten ist ein Feuerwehrplan erforderlich, der sowohl von der Feuerwehr mitgeführt wird als auch im Objekt vorliegt.

Feuerwehrpläne enthalten objektbezogene Informationen und sind insbesondere bei folgenden Objekten erforderlich:

- komplexe, unübersichtliche Gebäude,
- Objekte, von denen ein erhöhtes Gefahrenpotenzial ausgeht (z. B. Industrieanlagen, Hochregallager, Gebäude mit Gefahrgut),
- Objekte, bei denen eine erhöhte Personengefährdung vorliegt (z. B. Versammlungsstätten, Pflegeheime, Krankenhäuser, Hotels),
- Objekte mit Brandmeldeanlagen.

Feuerwehrpläne können im Rahmen des Brandschutzkonzeptes zur Erfüllung des Schutzzieles »Ermöglichung wirksamer Löscharbeiten« gefordert werden. Sie werden nach DIN 14095 erstellt und müssen mindestens enthalten (Bild 27):

1. Bezeichnung des Objektes,
2. Art der Nutzung,
3. Bezeichnung des Geschosses (die Lage zum Erdgeschoss muss erkennbar sein), Anzahl der Vollgeschosse und der Untergeschosse (jeweils auf das Erdgeschoss bezogen, z. B. -1, EG, + 1),
4. Trennwände, Wände die Brandabschnitte bilden,
5. Öffnungen in Wänden und Decken,
6. Zugänge und Notausgänge,
7. Treppenräume, Treppen, erreichbare Geschosse,
8. nicht begehbare Flächen,
9. besondere Angriffs- und Rettungswege (z. B. Rettungstunnel),
10. Feuerwehraufzüge,
11. Bedienstellen für Rauch- und Wärmeabzüge sowie Anlagen, die von der Feuerwehr bedient werden können (z. B. Gasabsperrschieber),
12. Löschwasseranlagen »trocken«, »nass« und »nass/trocken«,
13. ortsfeste und teilbewegliche Löschanlagen mit Angaben zur Art und Menge der Löschmittel sowie zur Lage der Zentrale (z. B. Sprinklerzentrale),
14. Angaben über die Art und Menge von feuergefährlichen Stoffen, Giftstoffen und explosionsgefährlichen Stoffen,
15. Angaben über Gefahrengruppen bei radioaktiven Stoffen,
16. brandschutztechnische Risiken (z. B. ungeschützte Stahlkonstruktion),
17. Löschwasserentnahmestellen,
18. Löschwasserrückhalteanlagen.

6

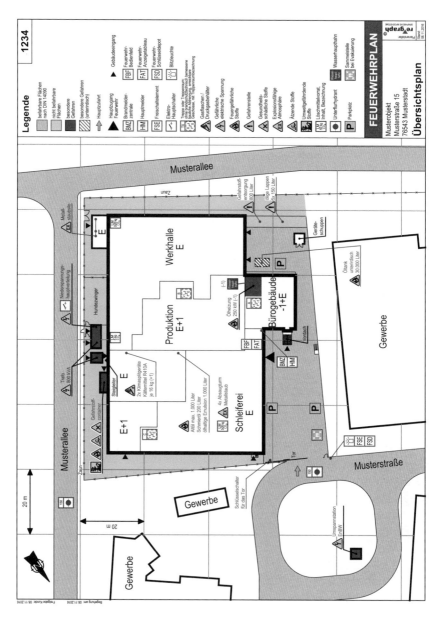

Bild 27   *Muster eines Feuerwehrplans nach DIN 14095 (Quelle: re´graph GmbH, Korntal-Münchingen)*

Feuerwehrpläne werden im Format DIN A4 oder DIN A3 erstellt und mit einem Raster versehen, mit dessen Hilfe die Entfernung von 10 m erkannt werden kann. Wenn die bauliche Anlage zu groß ist, können ggf. zusätzliche Pläne (z. B. Geschosspläne) ergänzt werden. Ein Übersichtsplan ist aber auf jeden Fall erforderlich.

6.3.2 Hinweisschilder für die Feuerwehr

Eine weitere wichtige Informationsquelle für die Feuerwehr sind die in DIN 4066 genormten Hinweisschilder für die Feuerwehr (Bild 28). Sie sind gekennzeichnet durch einen roten Rand und schwarze Schrift auf weißem Feld. Man findet sie z. B. an Außenwänden von Gebäuden. Hinweisschilder für die Feuerwehr dienen dazu, dass die Einsatzkräfte bestimmte Anlagen und Einrichtungen rascher auffinden können. Dadurch ist im Einsatzfall ein schnelleres Vorgehen möglich.

Bild 28   *Hinweisschild für die Feuerwehr (Foto: Jochen Thorns)*

6.3.3 Brandmeldeanlagen

Brandmeldeanlagen dienen einer schnellen, automatischen Entdeckung eines Brandes und der Alarmierung der Feuerwehr. Sie bestehen im Wesentlichen aus
- Branderkennungselementen (Brandmelder, automatisch oder manuell),
- Leitungsnetz im Gebäude,
- Brandmelderzentrale (BMZ),
- Übertragungseinrichtung.

Brandmeldeanlagen spielen bei der Erfüllung der Schutzziele des Vorbeugenden Brandschutzes eine wichtige Rolle. Sie dienen durch die frühzeitige Entdeckung eines Brandes sowohl der Verhinderung der Ausbreitung von Feuer und Rauch durch schnell eingeleitete Löschmaßnahmen als auch der Rettung von Menschen durch eine frühe Alarmierung der Nutzer und der Feuerwehr. Bei der Errichtung von Gebäuden mit Brandmeldeanlagen ist insbesondere zu beachten, dass bei Übertragung des Alarms zur Feuerwehr bzw. Feuerwehrleitstelle rechtzeitig ein Antrag bei der zuständigen Brandschutzdienststelle zu stellen ist. Wird die Brandmeldeanlage bis zur Inbetriebnahme des Gebäudes nicht fertiggestellt und die Übertragung zur Feuerwehr gesichert, kann dies zu erheblichen Zusatzkosten durch einzurichtende Brandwachen oder die ständige Besetzung der Brandmelderzentrale führen.

In der Brandmelderzentrale ist für die Information der Feuerwehr ein Feuerwehr-Anzeigetableau eingerichtet. Anhand der Anzeige kann die Feuerwehr feststellen, welcher Melder ausgelöst hat. Darüber hinaus ist für mindestens jede Melderschleife eine Feuerwehr-Laufkarte vorzuhalten. Diese ist nach DIN 14675 auszulegen (Bilder 29 a und b).

Damit die Feuerwehr auch zu Nachtzeiten die Brandmelderzentrale erreichen kann, wird diese meist an der Gebäudeaußenwand angeordnet. Zudem wird die Zugänglichkeit zum Objekt durch ein Feuerwehrschlüsseldepot (FSD) ermöglicht (Bild 30). Dieses enthält in der Regel einen Generalschlüssel für das Gebäude, der in einem Innentresor gesichert ist, zu dem nur die Feuerwehr mit ihren, für alle FSD einheitlichen Schlüsseln Zugang hat. Der Innentresor ist nochmals durch eine Edelstahlklappe geschützt, die automatisch die Schließung frei gibt, wenn die Brandmeldeanlage einen Alarm ausgelöst hat (Bild 31).

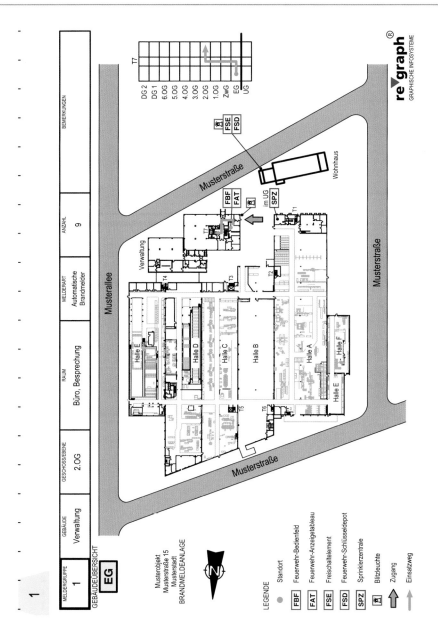

Bilder 29 a und b   *Beispiel einer Feuerwehr-Laufkarte nach DIN 14675: übersichtliche Vorderseite und detaillierte Rückseite (Quelle: re´graph GmbH, Korntal-Münchingen)*

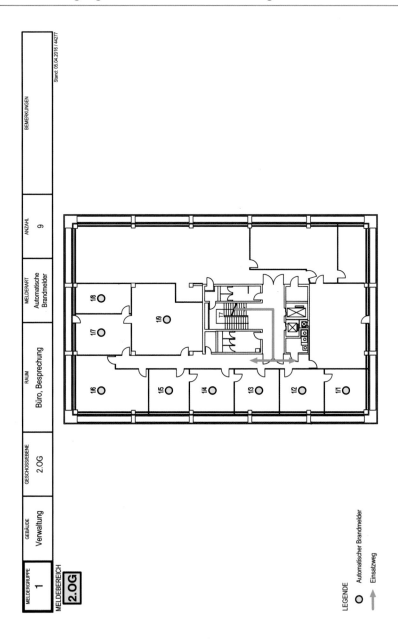

Bild 30 *In dieser Edelstahl-säule befindet sich oben ein Freischaltelement und darunter (Pfeil) ein Feuerwehr-schlüsseldepot FSD 3. (Foto: Jochen Thorns)*

Bild 31 *Beim FSD 3 muss der Schlüssel um 90 Grad gedreht werden, bevor er entnommen werden kann. (Foto: Jochen Thorns)*

6.4   Flächen für die Feuerwehr

Damit die Feuerwehr den Einsatzort auf dem betroffenen Grundstück mit ihren Fahrzeugen auch erreichen kann, sind Zufahrten und Aufstellflächen für die Feuerwehr erforderlich.

Liegt ein Gebäude mehr als 50 m von der öffentlichen Straße entfernt, ist eine Feuerwehrzufahrt herzustellen (Bild 32). Wird für die Ermöglichung des zweiten Rettungsweges eine Drehleiter der Feuerwehr benötigt, ist sicherzustellen, dass diese Leiter jede Stelle des Gebäudes erreichen kann, von der Personen gerettet werden müssen. Dafür sind Maße für Zufahrten und Aufstellflächen sowie Anforderungen an die Tragfähigkeit festgelegt. Aufstellflächen gibt es sowohl für Feuerwehrfahrzeuge als auch für tragbare Leitern.

Die detaillierten Maße finden sich in den Muster-Richtlinien über Flächen für die Feuerwehr (MRFlFw), veröffentlicht durch die Fachkommission Bauaufsicht der Arbeitsgemeinschaft der Bauminister des Bundes und der Länder (ARGEBAU).

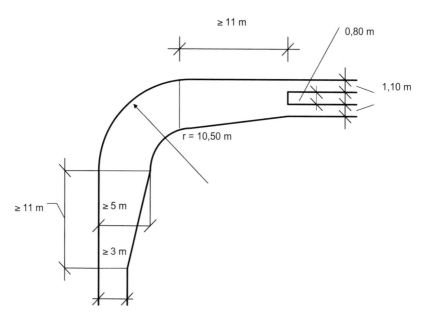

Bild 32   *Vorgaben für die Maße von Kurven in Feuerwehrzufahrten nach den Muster-Richtlinien über Flächen für die Feuerwehr (MRFlFw)*

Anhang

Anhang 1 Beteiligung der Feuerwehren in Baugenehmigungsverfahren

Baden-Württemberg	Die Beteiligung der Feuerwehr ist nach § 53 Abs. 4 Satz 2 LBO nur erforderlich, wenn ihr Aufgabenbereich berührt wird. Dies ist regelmäßig der Fall, wenn • besondere Anforderungen oder Erleichterungen nach § 38 Abs. 1 LBO oder • Abweichungen, Ausnahmen oder Befreiungen nach § 56 LBO vorliegen. (VwV Brandschutzprüfung vom 17. September 2012, geändert durch Verwaltungsvorschrift vom 3. März 2015 – Az.: 41-2611.2/89)
Bayern	Auskunft an Prüfsachverständige über örtliche Festlegungen und Ausrüstung zur Wahrung der Belange des Brandschutzes (§ 19 Abs. 1 Verordnung über die Prüfingenieure, Prüfämter und Prüfsachverständigen im Bauwesen – PrüfVBau – vom 29. November 2007, die zuletzt durch § 1 Nr. 179 der Verordnung vom 22. Juli 2014 geändert worden ist)
Berlin	Stellungnahmen zu Sonderbauten, Garagen > 100 m² sowie Gebäude GKL 4 und 5 gegenüber Prüfingenieuren für Brandschutz (§ 19 Bautechnische Prüfungsverordnung – BauPrüfV – vom 12. Februar 2010, zuletzt geändert durch die zweite Verordnung vom 20. Oktober 2014)
Brandenburg	Stellungnahme zu Brandschutznachweis nach Anforderung durch Prüfingenieur bei Sonderbauten (§ 17 Brandenburgische Bautechnische Prüfungsverordnung – BbgBauPrüfV – vom 10. September 2008, zuletzt geändert durch Verordnung vom 13. September 2016)
Bremen	Beratung der Baugenehmigungsbehörden im Rahmen des Baugenehmigungsverfahrens (§ 12 Abs. 1 BremHilfeG)

Hamburg	Beteiligung der Feuerwehr bei Sonderbauten und bei Abweichungen. Es obliegt der Bauaufsichtsbehörde, die Stellungnahme zu berücksichtigen. (Bauprüfdienst – BPD, 4/2011, Beteiligung der Feuerwehr am bauaufsichtlichen Verfahren, Freie und Hansestadt Hamburg, Behörde für Stadtentwicklung und Umwelt – Amt für Bauordnung und Hochbau)
Hessen	Beteiligung bei Sonderbauten mit Stellungnahme zur Leistungsfähigkeit der Feuerwehr. Bei Gebäuden der GKL 5 prüft Feuerwehr hinsichtlich der Einhaltung der Belange des abwehrenden Brandschutzes. (§ 19 Hessische Prüfberechtigten- und Prüfsachverständigenverordnung – HPPVO – vom 18. Dezember 2006, zuletzt geändert durch Artikel 2 der Verordnung vom 24. November 2015)
Mecklenburg-Vorpommern	Beteiligung der Brandschutzdienststelle ab GKL 4 und bei Sonderbauten durch Bauaufsicht oder Prüfingenieure und Würdigung derer Anforderungen (§ 19 Prüfingenieure- und Prüfsachverständigenverordnung – PPVO M-V – vom 10. Juli 2006)
Niedersachsen	Stellungnahmen der Brandschutzdienststelle auf Anforderung der Baugenehmigungsbehörden nur in schwierigen Fällen bei Sonderbauten, Abweichungen, Widersprüchen und Bauvorhaben mit besonderer Auswirkung auf den abwehrenden Brandschutz (RdErl. des Niedersächsischen Ministeriums für Inneres vom 7. März 2014, Az. 36.11 – 13120)
Nordrhein-Westfalen	Beteiligung der Brandschutzdienststelle bei Sonderbauten und Abweichungen gem. VV BauO NRW (VV BauO NRW, Ministerialblatt (MBl. NRW) Ausgabe 2000, Nr. 71 vom 23. November 2000, Seite 1431 bis 1512)
Rheinland-Pfalz	Beteiligung der Brandschutzdienststelle bei Sonderbauten und bei Abweichungen gemäß § 69 LBauO Rheinland-Pfalz (Beteiligung der Brandschutzdienststellen im Baugenehmigungsverfahren, Verwaltungsvorschrift des Ministeriums der Finanzen vom 19. März 2004 (12 160-4535))

Saarland	Beteiligung der Brandschutzdienststelle durch die Bauaufsichtsbehörde oder die Prüfsachverständigen bei genehmigungspflichtigen Anlagen (GKL 4 und 5 sowie Sonderbauten) (Prüfberechtigten- und Prüfsachverständigenverordnung – PPVO – vom 26. Januar 2011, zuletzt geändert durch die Verordnung vom 22. Juni 2015)
Sachsen	Beteiligung der Brandschutzdienststelle durch die Bauaufsichtsbehörde oder den Prüfingenieur bei Sonderbauten und Abweichungen (§ 30 Durchführungsverordnung zur SächsBO – DVOSächsBO – vom 2. September 2004)
Sachsen-Anhalt	Beteiligung der Brandschutzdienststelle durch die Bauaufsichtsbehörde oder den Prüfingenieur bei Sonderbauten und Abweichungen (§ 27 Verordnung über Prüfingenieure und Prüfsachverständige – PPVO – vom 25. November 2014)
Schleswig-Holstein	Beteiligung der Brandschutzdienststelle durch die Bauaufsichtsbehörde oder den Prüfingenieur bei Sonderbauten und bei Abweichungen (Landesverordnung über die Prüfingenieurinnen oder Prüfingenieure für Standsicherheit, Prüfingenieurinnen oder Prüfingenieure für Brandschutz sowie Prüfsachverständigen – PPVO – vom 21. November 2008)
Thüringen	Beteiligung der Brandschutzdienststelle durch die Bauaufsichtsbehörde oder den Prüfingenieur bei Sonderbauten und bei Abweichungen (Thüringer Verordnung über die Prüfingenieure und Prüfsachverständigen – ThürPPVO – vom 4. Dezember 2009)

Anhang 2   Feuerwehrgesetze der Länder

Baden-Württemberg	Feuerwehrgesetz (FwG) in der Fassung vom 2. März 2010 (GBl. S. 333), mehrfach geändert durch Artikel 1 des Gesetzes vom 17. Dezember 2015 (GBl. S. 1184)
Bayern	Bayerisches Feuerwehrgesetz (BayFwG) vom 23. Dezember 1981 (GVBl S. 526), zuletzt geändert durch § 1 Nr. 186 der Verordnung vom 22. Juli 2014 (GVBl. S. 286)
Berlin	Gesetz über die Feuerwehren im Land Berlin (Feuerwehrgesetz – FwG) vom 23. September 2003, zuletzt geändert durch Artikel 1 des Gesetzes vom 9. Mai 2016 (GVBl. S. 240)
Brandenburg	Gesetz über den Brandschutz, die Hilfeleistung und den Katastrophenschutz des Landes Brandenburg (Brandenburgisches Brand- und Katastrophenschutzgesetz – BbgBKG) vom 24. Mai 2004, zuletzt geändert durch Artikel 5 des Gesetzes vom 23. September 2008
Bremen	Bremisches Hilfeleistungsgesetz (BremHilfeG) vom 21. Juni 2016
Hamburg	Feuerwehrgesetz vom 23. Juni 1986, mehrfach geändert durch Gesetz vom 2. Dezember 2013 (HmbGVBl. S. 487)
Hessen	Hessisches Gesetz über den Brandschutz, die Allgemeine Hilfe und den Katastrophenschutz (Hessisches Brand- und Katastrophenschutzgesetz – HBKG) in der Fassung vom 14. Januar 2014
Mecklenburg-Vorpommern	Gesetz über den Brandschutz und die Technischen Hilfeleistungen durch die Feuerwehren für Mecklenburg-Vorpommern (Brandschutz- und Hilfeleistungsgesetz M-V – BrSchG) in der Fassung der Bekanntmachung vom 21. Dezember 2015
Niedersachsen	Niedersächsisches Gesetz über den Brandschutz und die Hilfeleistung der Feuerwehr (Niedersächsisches Brandschutzgesetz – NBrandSchG) vom 18. Juli 2012
Nordrhein-Westfalen	Gesetz über den Brandschutz, die Hilfeleistung und den Katastrophenschutz (BHKG) vom 17. Dezember 2015

Rheinland-Pfalz	Landesgesetz über den Brandschutz, die allgemeine Hilfe und den Katastrophenschutz (Brand- und Katastrophenschutzgesetz – LBKG) vom 2. November 1981, zuletzt geändert durch Gesetz vom 8. März 2016 (GVBl. S. 173)
Saarland	Gesetz über den Brandschutz, die Technische Hilfe und den Katastrophenschutz im Saarland (SBKG) vom 29. November 2006, zuletzt geändert durch das Gesetz vom 17. Juni 2015 (Amtsbl. I S. 454)
Sachsen	Sächsisches Gesetz über den Brandschutz, Rettungsdienst und Katastrophenschutz (SächsBRKG) vom 24. Juni 2004, zuletzt geändert durch Gesetz vom 10. August 2015 (SächsGVBl. S. 466)
Sachsen-Anhalt	Brandschutz- und Hilfeleistungsgesetz des Landes Sachsen-Anhalt (Brandschutzgesetz – BrSchG) in der Fassung der Bekanntmachung vom 7. Juni 2001, zuletzt geändert durch Artikel 14 des Gesetzes vom 17. Juni 2014 (GVBl. LSA S. 288, 341)
Schleswig-Holstein	Gesetz über den Brandschutz und die Hilfeleistungen der Feuerwehren (Brandschutzgesetz – BrSchG) vom 10. Februar 1996, zuletzt geändert durch Art. 1 LVO vom 6. Juli 2016 (GVOBl. S. 552)
Thüringen	Thüringer Gesetz über den Brandschutz, die Allgemeine Hilfe und den Katastrophenschutz (Thüringer Brand- und Katastrophenschutzgesetz – ThürBKG) vom 5. Februar 2008, zuletzt geändert durch Artikel 3 des Gesetzes vom 10. Juni 2014 (GVBl. S. 159, 160)

Glossar

Alarm- und Ausrückeordnung (AAO)
Sie bestimmt die Art und Anzahl von Fahrzeugen der Feuerwehr, die auf ein bestimmtes Stichwort (z. B. Feuer Wohnung, Gefahrgutunfall Straße usw.) von der Feuerwehrleitstelle alarmiert werden.

Angriffstrupp
Trupp innerhalb einer Gruppe oder Staffel, der gezielt für erste Maßnahmen der Gefahrenabwehr eingesetzt wird.

Atemschutzwerkstatt
Werkstatt zur Wartung von Atemschutzgeräten, meistens überregional betrieben.

Berufsfeuerwehr (BF)
Öffentliche Feuerwehr, die hauptsächlich aus hauptamtlichen Beschäftigten, in der Regel Beamten, besteht, die nach den Regeln einer Laufbahnverordnung für den feuerwehrtechnischen Dienst (spezifisch für jedes Bundesland) ausgebildet wurden.

Brandschutzaufklärung
Schulungsmaßnahmen für Erwachsene, bei denen systematisch auf die Gefahren des Feuers hingewiesen wird und wie man diese vermeidet sowie geschult wird, wie man eine Entstehungsbrandbekämpfung durchführt und wie die Feuerwehr mit allen notwendigen Informationen sowohl alarmiert als auch vor Ort richtig empfangen wird.

Brandschutzbedarfsplan
Systematische Planung zur Ausrüstung, Unterhaltung und dem Einsatz einer den örtlichen Verhältnissen angepassten Feuerwehr auf Basis der Forderung im jeweiligen Landesgesetz.

Brandschutzerziehung
Schulungsmaßnahmen für Kinder und Jugendliche, bei denen die Erkennung von Brandgefahren und das richtige Verhalten im Brandfall, insbesondere auch die sachgerechte Alarmierung der Feuerwehr, trainiert werden. Brandschutzerziehung ist bereits ab dem Kindergartenalter möglich und geht bis in die Sekundarstufe.

Brandsicherheitsdienst

Auch Brandsicherheitswachdienst oder Feuersicherheitswachdienst. Eine Wache, die bedarfsorientiert, meistens auf der Basis von Vorschriften für Veranstaltungen (z. B. Versammlungsstättenverordnung) angeordnet wird und aus feuerwehrtechnisch geschultem Personal besteht. Ihre Aufgabe ist das sofortige Eingreifen bei brandgefährlichen Zuständen vor Eintreffen der Feuerwehr zur Verhinderung einer weiteren Gefahrenausbreitung.

Einsatzabschnitte

Gliederung einer Einsatzstelle in räumlich oder organisatorisch aufgeteilte Abschnitte, die jeweils einem Abschnittsleiter mit zugehörigen Einsatzkräften im Rahmen einer Gesamteinsatzleitung unterstellt werden.

Einsatzleiter (der Feuerwehr)

Verantwortliche Fachkraft, welche die Leitung von Einsatzmaßnahmen der Feuerwehr übernimmt. Sie hat eine Führungsausbildung und ist für die Einsatzleitung trainiert.

Einsatzstelle

Ort, an dem die Feuerwehr nach dem Auftreten einer Gefahrensituation tätig wird.

Erreichungsgrad

Im Rahmen der Brandschutzbedarfsplanung erreichter Grad des angestrebten Schutzzieles.

Feuerlöschkreiselpumpe

Pumpe nach dem Kreiselprinzip, die zur Löschwasserförderung entweder in Löschfahrzeugen oder als eigenständige Tragkraftspritze eingesetzt wird.

Feuerwache

Bauliche Anlage, in der Einsatzmittel und Einsatzkräfte der Feuerwehr untergebracht sind. Wenn es sich um Berufsfeuerwehrkräfte handelt, werden diese rund um die Uhr, sieben Tage in der Woche dort vorgehalten.

Feuerwehr-Dienstvorschriften (FwDV)

Regeln die Einsatztätigkeit der Feuerwehr entsprechend allgemein anerkannter taktischer Regeln. Sie werden von Arbeitsgruppen im Auftrag der Bundesländer erarbeitet und nach Verabschiedung als anerkannte Regeln der Technik eingeführt.

Feuerwehrgesetz

Gesetzliche Regelungen, welche die Pflichten von Gemeinden, Landkreisen und Ländern bezüglich der Gewährleistung des Brandschutzes durch Einsatzkräfte von Feuerwehren und die Bereitstellung von Löschwasser regeln. In den Feuerwehrgesetzen wird auch die Rechtsstellung der Feuerwehrangehörigen und der Führungskräfte geregelt.

Feuerwehrleitstelle

Fernmeldetechnische Einrichtung, in der die Notrufe für die Feuerwehr auflaufen, die die erforderlichen Einsatzkräfte alarmiert und für die von den Einsatzkräften angeforderte Logistik sorgt.

Freiwillige Feuerwehr (FF)

Öffentliche Feuerwehr, die aus ehrenamtlichen Kräften besteht, die für die Aufgabe der Feuerwehr ausgebildet werden. Sie werden im Alarmfall zu jeder Zeit z. B. durch Funkmeldeempfänger (FME) alarmiert, begeben sich zur Feuerwache und rücken von dort aus mit der entsprechenden Schutzausrüstung und den notwendigen Fahrzeugen zum Einsatzort aus. Die Feuerwehrangehörigen wählen ihre Führungskräfte in demokratischer Abstimmung unter Berücksichtigung der notwendigen Ausbildung.

Freiwillige Feuerwehr mit hauptamtlichen Kräften

Freiwillige Feuerwehr, die zusätzlich zu den ehrenamtlichen Kräften auch noch hauptamtliche (bezahlte) Feuerwehrleute beschäftigt. Hier kann es hinsichtlich der Wahl der Führungskräfte dazu kommen, dass diese durch die Gemeindeverwaltung auf Basis ihrer Ausbildung und Eignung eingestellt werden.

Funktionsstärke

Anzahl der Einsatzkräfte zur Wahrnehmung von nach den Feuerwehr-Dienstvorschriften definierten Funktionen innerhalb einer Fahrzeugbesatzung (z. B. Staffelführer, Angriffstruppführer) zur Brandbekämpfung und Technischen Hilfeleistung.

Gebäudeklassen (der Landesbauordnungen)

Gebäude werden aufgrund ihrer Höhe und Grundfläche in den Landesbauordnungen in Gebäudeklassen eingeteilt. Den jeweiligen Gebäudeklassen werden Anforderungen hinsichtlich der Feuerwiderstandsfähigkeit der Bauteile und der erforderlichen Mittel zur Rettung im Brandfall zugeordnet.

Gefahrenverhütungsschau

Regelmäßig aufgrund gesetzlicher Vorschriften stattfindende Begutachtung von baulichen Anlagen hinsichtlich der Einhaltung der Vorgaben der Baugenehmigung zur Gefahrenverhütung (auch Brandsicherheitsschau, Brandverhütungsschau, Feuersicherheitsschau).

Gesamteinsatzleiter

Verantwortliche Führungskraft, die einen Einsatz zur Brandbekämpfung oder Technischen Hilfeleistung vollinhaltlich verantwortet und das Weisungsrecht an alle Einsatzteilnehmer besitzt. Die Kennzeichnung erfolgt meist mit einer gelben Weste mit der Aufschrift »Einsatzleiter«.

Gruppe

Taktische Gliederung der Feuerwehr zum Brandbekämpfungs- und Hilfeleistungseinsatz. Die Gruppe besteht aus drei Trupps (Angriffstrupp, Wassertrupp, Schlauchtrupp), einem Maschinisten, einem Melder und einem Gruppenführer.

Hilfsfrist

Zeitspanne zwischen Alarmierung und Eintreffen der Feuerwehr zu einem Brand- oder Hilfeleistungseinsatz.

Hubrettungsfahrzeug

Fahrzeug mit einer Einrichtung, die hydraulisch aufgerichtet wird und zur Rettung von Menschen aus Höhen oder zur Brandbekämpfung dient. Bei Drehleitern des Typs DLAK 23/12 liegt die Nennrettungshöhe bei einer Ausladung von zwölf Metern bei 23 Meter. Neben Drehleitern (DL) gibt es noch Hubarbeitsbühnen (HAB), bei denen der Arbeitskorb immer am Boden bestiegen und dann hydraulisch an einem Hubarm aufgerichtet wird.

Jugendfeuerwehr (JF)

Jugendgruppen der Freiwilligen Feuerwehr, die eingerichtet werden, um die Nachwuchspflege der Feuerwehren zu verbessern und um die Jugendlichen im Rahmen der Jugendarbeit an die Aufgaben der Feuerwehr und ein brandschutzgerechtes Verhalten heranzuführen.

Katastrophenschutz

Sammelbegriff für alle Maßnahmen, die zur Begrenzung der Auswirkungen von Katastrophen als erhebliche Störungen des öffentlichen Lebens mit massiven Auswirkungen auf Leben und Gesundheit von Menschen und die materiellen Lebensgrundlagen der Gesellschaft dienen. Dazu gehören sowohl vorbeugende als auch abwehrende Maßnahmen des Katastrophenschutzes.

Katastrophenschutzbehörde

Zuständige Ordnungsbehörde in Landkreisen oder kreisfreien Städten, die für die Durchführung der vorbereitenden und abwehrenden Maßnahmen des Katastrophenschutzes verantwortlich ist.

Katastrophenschutzpläne

Vorbereitete Pläne, in denen die Mittel und Erreichbarkeit der vorgesehenen Kräfte des Katastrophenschutzes festgehalten sind, die die Verfahren und Aufgabenteilung bei der Abwehr von Katastrophen im Geltungsbereich klären, Informationen über die im Schutzgebiet vorliegenden Risiken beinhalten und Hinweise für die Bewältigung von spezifischen Gefahrenlagen geben.

Kreisbrandinspektor (KBI), Kreisbrandmeister (KBM)

Führungskraft auf Kreisebene, die für die Aufsicht über die Feuerwehren eines Landkreises verantwortlich ist. Heute meist hauptamtliche Kräfte des gehobenen und höheren feuerwehrtechnischen Dienstes.

Kritischer Wohnungsbrand

Definierter Brand, der zur Bestimmung der erforderlichen Einsatzstärke einer Feuerwehr herangezogen wird. Es handelt sich dabei um einen Wohnungsbrand in einem Obergeschoss eines mehrgeschossigen Wohnhauses mit Menschenrettung über Leitern der Feuerwehr bei einem verrauchten Treppenraum.

Landesfeuerwehrschule

Einrichtung eines Bundeslandes zur Ausbildung von Führungskräften und Spezialisten der Freiwilligen Feuerwehr und der Berufsfeuerwehr.

Löschfahrzeug (LF)

Fahrzeug zum Transport von Mannschaft, Gerät und Löschmitteln zur Brandbekämpfung und Technischen Hilfeleistung.

Schlauchtrupp

Trupp innerhalb einer Staffel oder einer Gruppe gemäß Feuerwehr-Dienstvorschrift, dessen Aufgabenschwerpunkt in der Verlegung von Schlauchleitungen zur Unterstützung des Angriffstrupps liegt.

Schlauchwerkstatt

Einrichtung einer Feuerwehr oder eines Landkreises, in der die Wäsche und Instandhaltung von Feuerwehrschläuchen durchgeführt wird.

Schutzziel (im Rahmen der Brandschutzbedarfsplanung)

Setzt im Rahmen der Brandschutzbedarfsplanung den Standard, mit wieviel Einsatzkräften und Fahrzeugen welcher Qualität eine Feuerwehr in welcher Zeit eintrifft.

Schutzziel des Brandschutzes im Rahmen der Landesbauordnungen

Summe aller Maßnahmen, die getroffen werden müssen, damit die Gebäude den anerkannten Standards des Vorbeugenden Brandschutzes entsprechen (z. B. Verhinderung der Entstehung und Ausbreitung von Feuer, Ermöglichung wirksamer Lösch- und Rettungsmaßnahmen). Sie sind in den jeweiligen Landesbauordnungen als zwingende Anforderungen verankert.

Sonderbauten (gemäß Landesbauordnungen)

Die Landesbauordnungen verstehen unter Sonderbauten bauliche Anlagen, die nicht der Wohnnutzung unterliegen (z. B. Garagen, Industrieanlagen, Krankenhäuser, Hotels u. Ä.). Wegen der Risikosituation im Brandfall können an diese Bauten besondere Anforderungen bei der Baugenehmigung gestellt werden (z. B. Sprinkleranlagen, Brandmeldeanlagen, Brandschutzordnungen usw.). Dem erhöhten Risiko ist durch die Erstellung eines Brandschutzkonzeptes Rechnung zu tragen.

Sonderfahrzeug

Einsatzfahrzeug der Feuerwehr, mit dem spezielle Anforderungen außerhalb der Standardaufgaben von Lösch-, Hubrettungs- und Rettungsdienstfahrzeugen erfüllt werden können.

Staffel

Taktische Gliederung der Feuerwehr zum Brandbekämpfungs- und Hilfeleistungseinsatz. Die Staffel besteht aus zwei Trupps (Angriffstrupp, Wassertrupp) einem Maschinisten und einem Staffelführer.

Standard-Einsatz-Regeln (SER)

Ortsspezifische Regelungen einer Feuerwehr, die sich auf die Aufgabenverteilung zwischen verschiedenen taktischen Einheiten bei einem speziellen Ereignis der Brandbekämpfung oder Technischen Hilfeleistung beziehen.

Technische Einsatzleitung (TEL)

Der Begriff bezeichnet in manchen Bundesländern das Führungsgremium, das im Rahmen einer stabsmäßigen Führung einer größeren Einsatzstelle die Einsatzleitung vor Ort innehat. Eine Technische Einsatzleitung besteht meistens aus den Stabsfunktionen Personal, Lage Einsatz, Logistik, Kommunikation und Öffentlichkeitsarbeit sowie Fachberatern von hinzugezogenen Organisationen.

Technische Hilfeleistung (TH)

Maßnahme der Feuerwehr zur Beseitigung von technischen Notständen, die eine Störung des öffentlichen Lebens verursachen und die unverzüglich beseitigt werden sollten (z. B. Verkehrsunfälle mit Verkehrsbehinderung, Überschwemmungen, Wasserschäden, Einstürze …)

Trupp

Taktische Gliederung innerhalb einer Staffel oder Gruppe, die in der Regel aus zwei Einsatzkräften besteht und eine bestimmte standardisierte Aufgabe erfüllen soll (Angriffstrupp, Schlauchtrupp, Wassertrupp …)

Umluftunabhängiges Atemschutzgerät

Tragbares Atemschutzgerät mit einem Luftvorrat, der eine Einsatzkraft im Regelfall ca. 20 bis 30 Minuten lang unabhängig von der Umgebung mit Atemluft versorgt.

Wassertrupp

Trupp innerhalb einer Staffel oder einer Gruppe gemäß Feuerwehr-Dienstvorschrift, dessen Aufgabenschwerpunkt in der Versorgung mit Löschwasser (Entnahme und Weitertransport bis zum Verteiler) zur Unterstützung des Angriffstrupps besteht.

Zug

Taktische Gliederung der Feuerwehr zum Brandbekämpfungs- und Hilfeleistungseinsatz. Der Zug besteht nach Feuerwehr-Dienstvorschrift 3 »Einheiten im Lösch- und Hilfeleistungseinsatz« aus einem Zugführer und einem Zugtrupp als Führungseinheit sowie weiteren Gruppen, Staffeln oder Trupps. Seine Regelstärke beträgt 22 Kräfte. Der Zug kann sich aus verschiedenen Kombinationen von Trupps, Staffeln und

Gruppen zusammensetzen (z. B. eine Gruppe mit einem Löschgruppenfahrzeug, eine Staffel mit einem Tanklöschfahrzeug und ein Trupp mit einer Drehleiter).